国家出版基金项目
NATIONAL PUBLICATION FOUNDATION

"十三五"国家重点图书出版规划项目
中国特色畜禽遗传资源保护与利用丛书

确 山 黑 猪

李新建　单留江　徐泽君　主编

中国农业出版社
北　京

图书在版编目（CIP）数据

确山黑猪/李新建，单留江，徐泽君主编 . —北京：
中国农业出版社，2020.1
（中国特色畜禽遗传资源保护与利用丛书）
国家出版基金项目
ISBN 978-7-109-26737-4

Ⅰ. ①确…　Ⅱ. ①李…　②单…　③徐…　Ⅲ. ①养猪学
Ⅳ. ①S828

中国版本图书馆 CIP 数据核字（2020）第 053760 号

内容提要：本书系统总结了确山黑猪的品种起源与形成过程、品种特征和生产性能、品种保护措施、繁育技术、营养需要与常用饲料、饲养管理技术、疫病防控技术、养猪场建设与环境控制、产品开发与品牌建设等内容。本书可供确山黑猪遗传资源保护与利用研究以及猪场技术人员阅读参考。

中国农业出版社出版
地址：北京市朝阳区麦子店街 18 号楼
邮编：100125
责任编辑：李　萍　肖　邦
版式设计：杨　婧　责任校对：刘丽香
印刷：北京通州皇家印刷厂
版次：2020 年 1 月第 1 版
印次：2020 年 1 月北京第 1 次印刷
发行：新华书店北京发行所
开本：720mm×960mm　1/16
印张：7.75　插页：1
字数：129 千字
定价：60.00 元

丛书编委会

本书编写人员

主　　编　李新建　单留江　徐泽君
副 主 编　李军平　韩雪蕾　李志明　屈　强　彭　峰
编　　者　（按姓氏笔画排序）
　　　　　王占领　王贞贞　王秀勤　王明成　王晓锋
　　　　　王献伟　过效民　乔瑞敏　刘大刚　闫　红
　　　　　李　锋　李军平　李志明　李新建　杨　华
　　　　　吴亚权　余新玲　张瑞铎　单留江　屈　强
　　　　　赵书强　赵杨杨　徐泽君　高　平　郭永丽
　　　　　商一星　彭　峰　韩雪蕾　魏　政
审　　稿　雷明刚

我国是世界上畜禽遗传资源最为丰富的国家之一。多样化的地理生态环境、长期的自然选择和人工选育，造就了众多体型外貌各异、经济性状各具特色的畜禽遗传资源。入选《中国畜禽遗传资源志》的地方畜禽品种达 500 多个、自主培育品种达 100 多个，保护、利用好我国畜禽遗传资源是一项宏伟的事业。

国以农为本，农以种为先。习近平总书记高度重视种业的安全与发展问题，曾在多个场合反复强调，"要下决心把民族种业搞上去，抓紧培育具有自主知识产权的优良品种，从源头上保障国家粮食安全"。近年来，我国畜禽遗传资源保护与利用工作加快推进，成效斐然：完成了新中国成立以来第二次全国畜禽遗传资源调查；颁布实施了《中华人民共和国畜牧法》及配套规章；发布了国家级、省级畜禽遗传资源保护名录；资源保护条件能力建设不断提升，支持建设了一大批保种场、保护区和基因库；种质创制推陈出新，培育出一批生产性能优越、市场广泛认可的畜禽新品种和配套系，取得了显著的经济效益和社会效益，为畜牧业发展和农牧民脱贫增收作出了重要贡献。然而，目前我国系统、全面地介绍单一地方畜禽遗传资源的出版物极少，这与我国作为世界畜禽遗传资源大国的地位极不相称，不利于优良地方畜禽遗传资源的合理保护和科学开发利用，也不利于加快推进现代畜禽种业建设。

为普及对畜禽遗传资源保护与开发利用的技术指导，助力做大做强优势特色畜牧产业，抢占种质科技的战略制高点，在农业农村部种业管理司领导下，由全国畜牧总站策划、中国农业出版社出版了这套"中国特色畜禽遗传资源保护与利用丛书"。该丛书立足于全国畜禽遗传资源保护与利用工作的宏观布局，组织以国家畜禽遗传资源委员会专家、各地方畜禽品种保护与利用从业专家为主体的作者队伍，以每个畜禽品种作为独立分册，收集汇编了各品种在管、产、学、研、用等相关行业中积累形成的数据和资料，集中展现了畜禽遗传资源领域最新的科技知识、实践经验、技术进展与成果。该丛书覆盖面广、内容丰富、权威性高、实用性强，既可为加强畜禽遗传资源保护、促进资源开发利用、制定产业发展相关规划等提供科学依据，也可作为广大畜牧从业者、科研教学工作者的作业指导书和参考工具书，学术与实用价值兼备。

丛书编委会

2019 年 12 月

序 言

　　我国是世界畜禽遗传资源大国，具有数量众多、各具特色的畜禽遗传资源。这些丰富的畜禽遗传资源是畜禽育种事业和畜牧业持续健康发展的物质基础，是国家食物安全和经济产业安全的重要保障。

　　随着经济社会的发展，人们对畜禽遗传资源认识的深入，特色畜禽遗传资源的保护与开发利用日益受到国家重视和全社会关注。切实做好畜禽遗传资源保护与利用，进一步发挥我国特色畜禽遗传资源在育种事业和畜牧业生产中的作用，还需要科学系统的技术支持。

　　"中国特色畜禽遗传资源保护与利用丛书"是一套系统总结、翔实阐述我国优良畜禽遗传资源的科技著作。丛书选取一批特性突出、研究深入、开发成效明显、对促进地方经济发展意义重大的地方畜禽品种和自主培育品种，以每个品种作为独立分册，系统全面地介绍了品种的历史渊源、特征特性、保种选育、营养需要、饲养管理、疫病防治、利用开发、品牌建设等内容，有些品种还附录了相关标准与技术规范、产业化开发模式等资料。丛书可为大专院校、科研单位和畜牧从业者提供有益学习和参考，对于进一步加强畜禽遗传资源保护，促进资源可持续利用，加快现代畜禽种业建设，助力特色畜牧业发展等都具有重要价值。

中国科学院院士

中国农业大学教授　吴常信

2019 年 12 月

前　言

　　确山黑猪是我国优良的地方猪品种遗传资源，主要分布在河南省确山县西部山区的竹沟镇、瓦岗镇、石滚河镇以及确山县、泌阳县、桐柏县 3 个县相邻的乡镇。1984 年，河南省农牧厅组织有关专家和科技人员对该品种进行了鉴定，一致认为确山黑猪被毛全黑，体型外貌基本一致、体躯较长、后躯发育良好、产仔数多、繁殖力强、耐粗饲、肉质好，而且有一定数量，符合一个地方品种应具备的条件，确认确山黑猪是一个优良地方品种。2009 年 10 月 15 日，经国家畜禽遗传资源委员会鉴定，确山黑猪被正式确定为我国畜禽遗传资源。国家商标局于 2011 年 12 月 27 日，发布了总第 1293 期第 31 类第 9786796 号公告，确认确山黑猪地理标志证明商标。2014 年，《确山黑猪》（DB41/T 978—2014）河南省地方标准发布。2018 年 3 月，确山黑猪被列入《河南省畜禽遗传资源保护名录》。2019 年，《确山黑猪饲养管理技术规程》（DB41/T 1851—2019）河南省地方标准发布实施。

　　为更好地保护和利用确山黑猪遗传资源，我们组织专业技术人员对确山黑猪 30 多年来的研究资料进行了整理，从确山黑猪的品种起源与形成过程、品种特征和生产性能、品种保护措施、品种繁育、营养需要与常用饲料、饲养管理技术、疫病防控技术、养殖场建设与环境控制、产品开发与品牌建设等方面进行了系统的总结论述。本书可供从事确山黑猪遗传资源保护与利用研究以及确山黑猪养殖的技术人员参考。

编　者

2019 年 12 月

目录

第一章
品种起源与形成过程

第一节　产区自然生态条件

一、产区历史沿革

确山黑猪中心产区确山县位于河南省南部，淮河北岸，西依桐柏、伏牛两山余脉，东眺黄淮平原，地处郑州与武汉之间，历史上被誉为"中原之腹地，豫鄂之咽喉"。

确山群众历来有饲养黑猪的习惯。据民国二十年《确山县志》（1931）记载：《三国·魏志·齐王纪》中，记载有用猪、牛、马祭孔子于国学之事；《三国志·魏书》为西晋陈寿（233—297）所编，可见1 700多年前当地已养猪。清朝末年记载有群众成立青苗会，防止牲畜吃庄稼，唯山区居民可依山傍水放牧猪、牛、羊，"其生息颇称繁盛，亦可获利"。产地河南省确山县西部山区交通不便，形成自然隔离，经当地劳动人民长期选育逐步形成确山黑猪。1982年河南省确山县在畜牧业资源调查中，于西部山区发现了这一分布面积较大、数量较多、体型外貌一致、生产性能良好且深受群众欢迎的地方猪种。

二、分布范围

确山黑猪的中心产区位于河南省确山县西部的竹沟、瓦岗、石滚河3个乡镇，周边的蚁蜂、三里河、任店、李新店等乡镇以及桐柏县的回龙、吴城、毛集，泌阳县的大路庄、老河等乡镇亦有分布。

三、产区自然条件

确山黑猪中心产区确山县位于河南省南部，淮河上游，东临黄淮平原，西

1

为桐柏山、伏牛山的连接地带，是桐柏、伏牛山系向黄淮平原过渡地带，也是亚热带向暖温带的过渡区，地势西南高隆、东北低平。地处北纬 32°27′—33°03′、东经 113°37′—114°14′。境内地形地貌较为复杂，山丘、平原、洼地均有分布，其中，山区、丘陵、平原各占 1/3，山区海拔 150～800m；丘陵海拔 110～200m；平原海拔 72～105m。全县由西向东逐步倾斜，坡降度为 0.25% 左右。西部多山，波状起伏，200m 以上的山岭有 202 座，其中 500m 以上的山峰 12 座，最高的乐山海拔 813m，东部地势低洼而平坦，最低处平原地带的海拔 56m。中心产区气候条件和地形地貌丰富独特，气候温润，四季分明，光照充足，雨热同季，冬季寒冷干燥，夏季炎热多雨，秋季雨多凉爽，春季温和湿润。年平均气温 15.1℃，年降水量 971mm，无霜期 248d。西部山区重峦叠嶂，中部为丘陵过渡地带，东部平原一望无际，山间盆地及浅山丘陵广布其间，是一个典型的农业县、山区县。

西部山区山峦起伏，沟谷连绵，地形复杂，坡度在 20°～40°，多分布草木及次生林带。中部丘陵区位于京广铁路两侧，岗岭起伏，是西部山区向东部平原过渡地带，呈阶梯形。东部平原属黄淮海平原的南端，主要分布在京广铁路以东，除个别孤山以外，地面平阔，土壤肥沃，水利资源丰富，土地生产潜力大。

确山县水资源丰富，水质较好，但时空分布很不均匀，开发利用限制性因素较多。全县主要河流 10 条，支流 80 余条。大中小水库 53 座，较大的水塘 4 000多座，总水域面积 2 700hm² 以上。最大河流为溱头河，横穿全境，全年流水，不结冰。它发源于桐柏山北麓，经石滚河、竹沟、瓦岗、任店、新安店、留庄、普会寺、刘店等 9 个乡镇，最后注入宿鸭湖。境内长 80km 以上，流域面积 1 000km² 以上，平均流量 5.55m³/s。薄山水库位于溱头河中上游，是确山县最大的水库，最大蓄水容量为 6.35 亿 m³。

第二节 产区社会经济变迁

确山黑猪是确山县及周边劳动人民 2 000 多年来长期在生产、生活中逐渐选育出来的一个本地优质猪遗传资源，在饲养、食用和使用确山黑猪的过程中，人们不断积累、总结、传承着丰富的黑猪文化内涵，其主要内容有：历史文化和民俗文化。

一、确山黑猪的历史文化

确山黑猪历史文化是人们对确山黑猪的发现、驯化、饲养以及食用、使用、发展和为人们生活、经济发展服务中形成的物质和精神财富。据确山县县志记载，三国时期就用黑猪作为供品。畜类的物种很多，但有记载作为供品的畜种，确山黑猪是最早的。在历史上，确山县民间有"猪入门，百福臻"的说法，到了北魏已有舍饲养猪的记载（《齐民要术》），至唐代更有称猪为"乌金"的习惯。据考古发现，世界养猪的历史有1万多年，中国有9 000多年，确山县有历史记载的有5 000多年。

确山黑猪营养丰富，几千年来确山人民一直把确山黑猪肉作为生活和健康需求的肉食品。特别是近代以来，确山山区几乎家家户户都饲养确山黑猪，在市场上出现了猪行、猪交易会、猪文化研究等活动。竹沟镇曾是确山黑猪的主要养殖基地，革命战争年代，确山黑猪为当地人民和新四军的肉食供应及新四军伤病员的营养补充做出了历史性贡献。

二、确山黑猪的民俗文化

确山黑猪的民俗文化是人们在祭祀、祭祖、食用和人际交往中，把确山黑猪作为供品、食品、礼品，不断融入人的思想意识、观念取向、民俗习惯、行为方式，形成的一种精神财富。

在确山黑猪民俗文化中，最具有代表性的"四品"文化，即供品、佳品、礼品、补品，其内涵非常丰富。一是上等供品。确山民间逢年过节祭祖，有烧香上供品的风俗。特别是春节祭祖，大户人家、富裕人家要用确山黑猪头、尾、四蹄（相当于整猪）作为供品，一般人家也要用几块确山黑猪肉放在供桌上祭祖，以求吉星高照，去灾驱逐疫鬼。二是自食宴席上的美味佳品。在确山，逢年过节、婚丧嫁娶、各种庆典、招待亲朋好友都要大摆宴席，确山黑猪是自食宴席上的美味佳品。一桌酒席上几道用确山黑猪肉做的花样菜肴，就可以显示出招待的档次和客人的身份。三是走亲访友的贵重礼品。在确山，节日期间走亲访友都要带点礼品，凡拿一块确山黑猪肉，带上肋骨的礼条，说明这个亲戚是近亲或长辈，若是朋友，关系也非同一般。礼条又分大、中、小三种，显示着礼品的三、六、九等：小带一根肋骨，中带二根肋骨，大带三根以上肋骨。带骨的礼条又包含着骨肉不能分离，亲情长远的寓意。四是最好的绿

色补品。经常适量食用确山黑猪肉能增加营养，增强体质，养颜美容，提高免疫力。

第三节 确山黑猪品种形成的历史过程

一、品种起源与资源鉴定

1982 年在畜牧业资源调查过程中发现，确山县西部山区的黑猪与其他地方的猪不一样，体形大、生长快、毛色纯黑、面部特征明显，是一个优良品种。在畜牧业资源调查的同时，成立了黑猪调查小组，对确山县境内的竹沟、瓦岗、石滚河、蚁蜂、任店、李新店、三里河等山区乡镇以及与上述乡镇相邻的泌阳县、桐柏县的部分乡镇进行了详细的调查，初步形成了确山黑猪调查报告，并向地区、省畜牧业资源调查领导小组进行了专题汇报，引起省、地区畜牧部门领导的高度重视。省畜牧局等专家领导亲自到确山县对确山黑猪进行过专题调查研究。应确山县人民政府的邀请，河南省农牧厅专家鉴定组于 1984 年 7 月 24—27 日在确山县召开了"确山黑猪"品种鉴定会，经过实地考察和屠宰验证，专家组一致认为："确山黑猪"具备地方品种的条件和要求，是一个肉脂兼用型优良地方品种。

1987 年，确山县畜牧工作站与河南省农业科学院畜牧兽医研究所专家对确山黑猪进行了屠宰测定，其方法按全国 1983 年修订的《关于种猪选育若干技术问题的意见》要求进行，并根据《猪肉质评定方法》（全国第二次猪肉质研究经验交流会修正方案）的要求，对其进行了常规肉质分析。

1991—1994 年，由河南省畜牧局主持，河南农业大学、河南职业技术师范学院、驻马店地区农牧局、驻马店地区畜牧总站、确山县人民政府、确山县农牧局、确山县畜牧工作站、确山县种猪场等单位协作，成立专家协作组，进行了"确山黑猪杂交试验"。

2006 年全国第二次畜禽遗传资源普查时，确山县畜牧局组织人员对确山黑猪现状进行了全面的调查，在竹沟镇肖庄村划定了保种选育区，县政府及上级有关部门增加了资金投入，对饲养确山黑猪的养殖场户给予资金补贴，调动了群众发展确山黑猪的积极性，猪群数量逐步增加。2009 年 3 月 27—28 日，农业部组织国家畜禽遗传资源委员会猪专业委员会专家对确山黑猪进行了鉴定，2009 年 10 月 15 日，农业部第 1278 号公告，把确山黑猪列入国家畜禽遗传资源名录。2011 年 12 月 27 日"确山黑猪"被国家工商行政管理总局商标局注册为地理标志证明商标。2014 年 12 月 30 日河南省质量技术监督局公布《确山黑猪》河南省地方标准。

2013 年以来，在省、市、县政府及畜牧主管部门的大力支持下，在确山县三里河乡南泉村建立了确山县大王山确山黑猪选育场，成立了确山县确山黑猪产业发展服务协会及确山黑猪科技研发中心，与河南农业大学养猪专家进行合作开始了确山黑猪保种选育及杂交育种研究。省、市畜牧部门从 2015 年开始，每年实施"确山黑猪繁育及推广项目"，对确山县大王山确山黑猪选育场基础设施进行完善，同时，每年对全县饲养的确山黑猪种公猪、母猪进行一次鉴定测定，建立种猪档案。

二、确山黑猪数量

1984 年统计，中心产区确山黑猪的存栏总数为 18 987 头，其中成年母猪 2 560 头，种公猪 46 头。1987 年统计，确山县境内确山黑猪的存栏量达到 45 000 头左右，其中成年母猪存栏 4 968 头，公猪 89 头。1990 年以后，随着确山县瘦肉型猪生产基地的建设，加强了对瘦肉型猪的品种改良力度，加上饲养地方品种生长慢、瘦肉率低、经济效益相对较差，群众饲养确山黑猪的积极性降低，确山黑猪存栏量开始逐步下降。1998 年以后，确山黑猪的存栏主要分布在竹沟镇、瓦岗镇、石滚河镇的山区村组，邻近平原乡镇的村组已全部改良成了引进的品种猪。确山黑猪数量急剧下降到历史最低水平。

数量规模变化：1982—1984 年为确山黑猪调查鉴定期；1984—1990 年为确山黑猪的发展期，存栏量由 18 987 头（其中成年母猪 2 560 头，种公猪 46 头）发展到 31 000 头（其中成年母猪存栏 4 520 头，公猪 78 头）。1990—1998 年为下降期，确山黑猪存栏量逐步下降到 5 600 头（其中母猪 550 头，公猪 32 头）。1999—2005 年，确山黑猪存栏量下降到历史最低水平，只有零星分散饲养，存栏量下降到 1 360 头，其中成年母猪存栏 162 头，成年公猪存栏 15 头。2006 年通过保种饲养，确山黑猪的饲养量开始有所回升。2009 年确山黑猪经农业部畜禽遗传资源委员会正式确定为畜禽遗传资源后，引起了各级政府的高度重视，出台了一系列政策措施，加大了确山黑猪遗传资源的保护力度，确山黑猪数量有一定增长。据 2016 年统计，全县共有确山黑猪保种场 1 个，确山黑猪养殖场户 66 户，群体数量 12 210 头，基础母猪 1 301 头。由于受生猪市场

行情的影响，2017年确山黑猪养殖场户减少到20多户，群体数量8 000多头，总体呈下降趋势。

三、分布范围变迁

1982年发现确山黑猪时，确山黑猪的中心产区位于确山县西部的竹沟、瓦岗、石滚河3个乡镇，其周围的蚁蜂、三里河、任店、李新店等乡镇以及桐柏县的回龙、吴城、毛集等乡镇，泌阳县的大路庄、老河等乡镇亦有分布。1990年以后，随着瘦肉猪的改良速度加快，确山黑猪的数量逐渐减少，分布范围也逐渐缩小。到2006年全国第二次畜禽遗传资源普查时，确山黑猪分布范围仅在确山县的竹沟、石滚河等乡镇以及桐柏县的回龙、吴城、毛集等乡镇山区偏远的村组有少量分布。2009年确山黑猪遗传资源通过国家鉴定后，地方政府对确山黑猪加大了保护力度，在确山县竹沟镇肖庄建立了确山黑猪保护区，通过饲养补贴等方式提高了群众的积极性，确山黑猪数量得到较快的恢复发展。为有效保护确山黑猪遗传资源，在有关部门的支持下，在确山县三里河乡南泉村建立了确山县大王山确山黑猪选育场，目前存栏基础母猪达到120多头，种公猪30多头。任店、新安店、三里河、石滚河、瓦岗等乡镇目前已发展确山黑猪繁育场20多个，存栏确山黑猪10 000多头。

第二章
品种特征和性能

第一节　体型外貌

一、外貌特征

确山黑猪体型中等，全身被毛黑色，鬃毛粗长，皮肤灰黑色。面部微凹，额部有菱形皱纹，中间有两条纵褶；按头型分为长嘴和短嘴两种。耳大下垂，背腰较长，体质结实。母猪腹大下垂不拖地；臀部较丰满，稍倾斜；乳头数8对左右，乳头粗，母性强。四肢粗壮有力，腿较长，部分母猪有卧系。

二、体重体尺

1982—1984年调查时，对确山黑猪成年公猪及成年母猪进行了体重体尺测定，结果见表2-1。

表2-1　1982—1984年确山黑猪成年猪体重体尺统计表

头数	性别	体重（kg）	体长（cm）	体高（cm）	胸围（cm）
6	公	115.10±14.10	136.30±10.21	71.08±14.10	115.00±7.50
33	母	144.39±22.32	139.06±9.11	67.58±5.30	120.40±7.61

2006—2009年调查时，对确山黑猪成年公猪及成年母猪进行了体重体尺测定，结果见表2-2。

表2-2　2006—2009年确山黑猪成年猪体重体尺统计表

头数	性别	体重（kg）	体长（cm）	体高（cm）	胸围（cm）
7	公	100.85±14.43	120.07±7.11	71.87±6.49	116.40±8.71
51	母	90.12±7.96	139.75±16.80	72.77±7.18	121.91±15.06

2017 年，确山县畜牧局组织技术人员对成年确山黑猪（公猪 20 头、母猪 50 头）进行了现场测定，结果见表 2-3。

表 2-3　2017 年确山黑猪成年猪体重体尺统计表

头数	性别	体重（kg）	体长（cm）	体高（cm）	胸围（cm）
20	公	136.90±27.59	146.85±12.20	72.20±5.34	121.60±10.61
50	母	134.51±26.00	146.68±11.70	70.84±4.85	122.23±8.77

第二节　生物学特性

在确山黑猪的产区，群众常采用的饲养方式是白天赶猪放牧、夜晚回圈补饲，充足的运动形成了确山黑猪体躯高大、四肢粗壮、体质结实的特点。在过去交通不便的情况下形成自然封闭区，外血进入机会极少，加之千百年来的自群繁育、风土驯化和人为定向选择，逐渐形成了遗传性能稳定的优良地方品种。

一、确山黑猪的生物学特性

确山黑猪是劳动人民在长期的生产生活中自然选育的遗传资源。具有多胎高产、世代间隔短等特点。确山黑猪性成熟较早，在传统饲养方式下，2 月龄的小公猪就有爬跨等性行为，小母猪 4 个月就可以配种，妊娠期平均 114d 左右，小母猪当年就可以产第一胎。现代规模化养殖的情况下，一般后备公猪 6 个月以后开始配种，后备母猪 6 个月以后发情配种。产仔数较多，初产母猪平均一胎产仔 8～9 头，经产母猪平均 12 头以上。确山黑猪耐粗饲，在传统的养殖条件下，确山黑猪夏、秋季以放牧为主，在树林里吃野草、树叶及橡子等坚果类食物。确山黑猪抗逆性较强，在寒冷的冬天依然在树林里活动和觅食。确山黑猪抗病力强，在管理粗放的条件下，发病率比引进的优良品种低。

二、确山黑猪的习性

1. 采食行为　确山黑猪采食行为的突出特征是喜欢抢食，舍饲时，猪力图占据食槽有利位置，有时将前肢踏入食槽。地面撒喂时，猪也表现抢食现象。猪单独饲喂时，没有群体饲喂吃得快、吃得饱，所以民间俗语有"一头猪不吃糠，两头猪吃得慌"，说明猪有抢食的习性。自由采食时，猪白天采食6～8次，夜间4～6次，每次10～20min。吃干料的小猪每昼夜平均饮水9～10次，吃湿料的2～3次；吃干料的每次采食后立即饮水，任意采食的猪通常采食与饮水交替进行，限饲时，猪吃完所有料后才饮水。

2. 排泄行为　猪一般喜欢清洁，不在吃睡地方排粪尿，并表现一定的粪尿排泄规律。生长猪在采食中一般不排粪，饱食后约5min开始排泄一两次，多为先排粪、后排尿；喂料前常排泄，多为先排尿后排粪；在两次喂食的间隔里只排尿，很少排粪；夜间一般进行两三次排粪。猪还习惯在睡觉刚起来饮水或起卧时排泄。当猪圈过小、猪群密度过大、环境温度过低时，其排泄习性容易受到干扰破坏。但是，也有的猪没有良好的排泄习惯，需要饲养人员在合群时开展排泄调教，使猪养成在固定地点排泄的习惯。

3. 热调节习性　仔猪的适宜温度为26～32℃。当环境温度不适宜时，猪表现出热调节行为，以适应环境温度。当环境温度过高时，猪会自觉在粪尿或湿处打滚；为了有利于散热，躺卧时四肢张开，充分伸展躯体，呼吸加快或张口喘气。因此，舍饲情况下，猪舍内要安装排风扇、湿帘等降温设备，散养条件下，要有猪洗澡的水塘，猪运动、休息场所要种植树木遮阴，如果在林间放牧更好。当温度过低时，猪则蜷缩身体，最小限度地暴露体表；站立时表现夹尾，弓背，四肢紧收，采食时也表现为紧凑姿势。虽然确山黑猪的耐寒能力较强，但是对种猪、仔猪和保育期的猪仍要采取相应的保暖措施，以提高母猪产仔率和仔猪成活率。育肥猪在有条件的情况下，也要有保暖措施，减少能量损耗、提高生长速度、增加经济效益。

4. 群体行为　确山黑猪具有社会合群性，习惯于成群活动、居住和睡卧，结对是一种突出的交往活动，群体内个体间表现出身体接触和信息传递，彼此能和睦相处；但也有竞争习性，大欺小、强欺弱，群体越大，这种现象越明显。

5. 争斗行为　确山黑猪与其他品种猪一样具有争斗行为，包括进攻、防御、躲避和守势等活动。生产中见到的争斗行为主要是为争夺群体内等级、争夺地盘和争食。

6. 性行为　确山黑猪性成熟较早，在传统养殖条件下，仔猪一般45d断奶，有的小公猪在断奶前就有爬跨母猪的行为。

7. 母性行为 确山黑猪的母性行为强，传统散养条件下，产前母猪有叼草做窝的习性，母猪用嘴把干草或秸秆等拉到窝内当垫草，以便于产仔后仔猪保暖。产仔后的母猪护仔性强，陌生人一般不能靠近，如果靠近则会受到母猪的攻击。母猪在卧地时，非常小心地试着躺卧，以保护仔猪不被压死。哺乳性能较好，在饲养水平较低的传统养殖方式下，也很少有母猪没有奶的情况。

8. 探究行为 确山黑猪和其他品种猪一样，也有探究和好奇的行为，通过看、听、闻、嗅、啃、拱等感官进行探究，以获得对环境的认识和适应。

9. 猪的行为训练 在舍饲条件下，主要训练确山黑猪的定点排泄习惯；在散养或放养的情况下，训练确山黑猪定时回到猪舍进行补饲；种公猪主要是训练其采精，母猪训练其形成良好的哺乳习惯。

第三节 生产性能

一、繁殖性能

确山黑猪性成熟较早，一般 120 日龄开始发情并可开始配种；发情周期为 18～21d；妊娠期平均为 113～115d。据 1984 年对中心产区的竹沟、瓦岗、石滚河 3 个乡农户饲养的 35 窝母猪调查统计，初产母猪窝产仔数平均（7.63±2.61）头；33 窝二产母猪调查统计，平均产仔数（9.73±2.51）头；22 窝三产以上母猪调查统计，平均产仔数（12.09±2.65）头；最高可达 18 头。调查发现，初产母猪仔猪平均初生重（1.25±0.39）kg，二胎母猪平均初生重（1.22±0.61）kg，三胎以上母猪调查统计，平均初生重（1.14±0.26）kg。确山黑猪仔猪平均断奶日龄为 45d，断奶仔猪成活数为 10.8 头，仔猪成活率达 90%。母猪一般利用 5～6 年，最高可利用 10 年；公猪一般利用 2～3 年。

二、生长性能

据 1984 年调查，在中心产区农户粗放的饲养条件下，确山黑猪生长性能表现良好。据对 15 头不同育肥天数猪的调查，其平均日增重为 291.10～543.10g（表 2-4）。

表 2-4　确山黑猪不同育肥阶段增重情况

育肥天数（d）	调查头数	育肥初重（kg）	育肥末重（kg）	平均日增重（g）
80	2	10.50	53.95	543.1
137	7	13.43	71.90	426.8
200	4	12.50	80.50	340.0
260	4	14.30	90.00	291.2

三、屠宰性能

河南省农牧厅、河南省农业科学院畜牧兽医研究所养猪研究室以及河南农业大学养猪教研室分别于 1984 年、1987 年、2006 年及 2017 年对确山黑猪进行了屠宰测定。结果表明，确山黑猪屠宰率达 71% 以上，特别是 2017 年屠宰率达 75% 以上，而瘦肉率维持在 46% 以上，2017 年瘦肉率仅为 44% 左右，脂肪率达 30% 以上，表现出脂肪沉积能力较强的典型特征（表 2-5）。

表 2-5　确山黑猪的胴体性状

项目	1984 年	1987 年	2006 年	2017 年
测定头数	10	27	10	10
宰前活重（kg）	119.25±8.44	86.20±1.31	95.09±4.31	121.70±16.92
胴体重（kg）	86.65±7.98	63.57±2.20	70.55±4.48	91.80±12.87
屠宰率（%）	71.01±2.16	73.75±0.40	74.19±0.75	75.46±2.35
胴体长（cm）	90.95±2.25	78.87±0.64	97.80±1.70	87.30±5.27
眼肌面积（cm²）	29.20±2.18	26.78±0.42	26.37±1.84	23.29±4.70
平均背膘厚（mm）	—	28.00±0.90	23.30±2.00	41.20±5.26
瘦肉率（%）	47.96	47.45±0.88	46.06±1.10	43.82±3.33
脂肪率（%）	27.03	27.62±0.96	27.75±1.52	30.18±4.08
骨率（%）	12.36	13.53±0.43	13.89±0.56	8.43±2.13
皮率（%）	12.65	11.47±0.34	12.30±0.62	13.90±3.49

四、肉质性状

1987 年，河南省农业科学院畜牧兽医研究所养猪研究室对 11 头猪的肉质进行了测定，2006 年和 2017 年河南农业大学养猪教研室分别进行了确山黑猪的肉质测定，测定结果见表 2-6；同时，还对肌肉中的氨基酸、脂肪酸的含量进行了测定，结果如表2-7、表2-8所示。

表2-6 确山黑猪肉质测定结果

测定项目	1987 年	2006 年	2017 年
肉色（分）	3.5	3.0	4.15±0.39
大理石纹（分）	3.5	3.5	4.60±0.44
pH	6.35±0.30		6.35±0.34
失水率（%）	10.17±8.61		1.05±0.35
熟肉率（%）	58.43±3.95	60.87±3.05	
水分（%）		70.06±2.08	
蛋白质（%）		21.46±1.55	23.93±1.15
脂肪（%）		6.10±2.32	3.95±2.17
灰分（%）		0.89±0.05	2.11±0.50
嫩度（N）		3.01±0.68	3.22±1.12

表2-7 确山黑猪氨基酸含量测定（%）

项目	结果
天门冬氨酸	2.13±0.07
谷氨酸	3.40±0.10
丝氨酸	0.78±0.06
精氨酸	1.42±0.04
甘氨酸	1.27±0.03
苏氨酸	1.03±0.07
脯氨酸	0.85±0.03
丙氨酸	1.28±0.05
缬氨酸	1.12±0.03
蛋氨酸	0.64±0.05
胱氨酸	0.23±0.03
异亮氨酸	1.19±0.06
亮氨酸	1.96±0.07
苯丙氨酸	1.02±0.02
组氨酸	0.65±0.08
赖氨酸	2.17±0.11

（续）

项目	结果
酪氨酸	0.82±0.05
必需氨基酸	9.13±0.39
鲜味氨基酸	9.91±0.30
氨基酸总量	21.96±0.80

表 2-8　确山黑猪脂肪酸含量测定（％）

项目	结果
癸酸	2.59±3.54
月桂酸	1.35±0.58
肉豆蔻酸	19.16±9.62
肉豆蔻烯酸	0.51±0.13
十五烷酸	0.61±0.25
棕榈酸	323.14±151.71
棕榈油酸	97.94±128.02
十七烷酸	1.99±1.19
硬脂酸	137.74±68.46
反油酸	2.67±1.41
油酸	564.11±247.44
亚油酸	128.72±54.55
花生酸	2.76±1.40
γ-亚麻酸	0.73±0.27
顺-11-二十碳烯酸	3.75±2.10
α-亚麻酸	11.03±5.44
顺-11，14，-二十碳二烯酸	4.98±2.92
山嵛酸	0.53±0.45
顺-8，11，14-二十碳三烯酸	3.26±0.95
芥酸	1.03±0.38
顺-11，14，17-二十碳三烯酸	24.92±4.62
二十二碳六烯酸	1.00±0.37

第三章
品 种 保 护

第一节　保种概况

一、确山黑猪保种场

2017年11月河南省畜牧局畜牧处组织评审专家，对确山黑猪保种场保种现状进行评审，评审认定了确山县确山黑猪保种场。该保种场位于河南省确山县三里河街道南泉村的王大山北面，南、东、西三面为王大山，海拔超过300m，北面距离三里河2km，南依王大山围成一个确山黑猪运动场，面积1 000m² 左右。确山县确山黑猪保种场内共存栏确山黑猪基础母猪121头、种公猪40头，主要来自8个家系。

保种场内专门建立了确山黑猪科技研发中心，建有实验室、办公用房等1 000m²，设备齐全。该中心于2016年被河南省人力资源和社会保障厅批准为省级专家服务基地，常年聘请专业技术人员8人，其中研究员1人、高级畜牧兽医师2人。

二、确山黑猪扩繁场情况

截至2016年，确山县共有确山黑猪养殖场户66户，确山黑猪存栏12 210头，其中基础母猪存栏1 301头。其中饲养母猪的场户44户，存栏母猪50头以上的确山黑猪养殖场10个，确山黑猪保种场1个。

三、确山黑猪保护区情况

2006年，全国第二次畜禽遗传资源调查时发现确山黑猪数量急剧下降。

为了有效保护确山黑猪遗传资源，确山县畜牧局在确山黑猪中心产区的竹沟镇肖庄村建立了保护区。县政府及县畜牧局出台了扶持政策，对饲养确山黑猪母猪的饲养户，每繁育一胎纯种确山黑猪补贴 200 元，每头种公猪每年补贴 1 000 元。到 2009 年，确山黑猪饲养户发展到 30 多户，饲养确山黑猪达到 1 000 多头。随后补贴范围扩大到全县，调动了养殖场户发展确山黑猪的积极性。目前，散养户逐渐减少，规模场（户）开始增多。

第二节　保种计划

2020 年，确山黑猪保种场存栏能繁纯种母猪 500 头以上，成年公猪 60 头以上，血统 10 个以上；保护区扩大到 8 个乡镇，全县设种猪扩繁场达到 10 个。全县确山黑猪饲养户达到 1 000 户，年出栏 15 万头，养殖产值达到 6 亿元。

第三节　保种技术措施

一、活畜保种

（一）选种方法

1. 个体选择　根据确山黑猪的体型外貌、生长性能、繁殖性能及遗传疾病等表型性状进行选择。目前，由于确山黑猪处于保护发展阶段，保种场规模较小，养殖场相关的专业技术人员较少，种公猪、种母猪的选择主要是通过表型性状进行个体选择。种猪符合河南省地方标准《确山黑猪》（DB41/T 978—2014）。

2. 系谱选择　根据被选的种公猪、种母猪与祖先的亲缘关系进行选择。初期主要是根据血统情况进行选择，这种方式适用于保种场建立初期，主要从散养户或其他养殖场选择种猪，因为小型养殖场没有系谱档案，保种场要从不同的养殖场选择不同家系或不同血统的种公猪、种母猪。保种场建立以后，在健全养殖档案，特别是系谱档案的情况下，要根据系谱资料进行选择。

3. 根据疫病检测结果进行选择　后备种公猪、种母猪配种前进行口蹄疫、

猪瘟、伪狂犬病、蓝耳病等重点疫病的病原学检测,检测阳性的应按照有关技术规范要求进行淘汰。

(二)选配方法

确山黑猪的选配方法目前主要是表型选配。在选种选配时,短嘴型确山黑猪公猪与母猪进行配种,长嘴型确山黑猪公猪与母猪进行配种,配种时注意家系间的关系,避免近交。

二、DNA 保种

采集确山黑猪的耳组织样品,提取基因组 DNA 进行基因组保种。

三、体细胞保种

采集确山黑猪的耳组织样品,分离和培养体细胞,采用超低温冷冻技术进行体细胞保种。

四、冷冻精液保种

采集确山黑猪种公猪的精液,采用精液冷冻技术进行精液保种。主要包括保种场不同家系公猪,每个家系 2 头公猪,每头种猪 200 头份。

对保种场以外的确山黑猪,确山县畜牧局每年组织一次品种鉴定,建立种猪登记档案,指导养猪场户进行选种选配。

第四节　性能测定

一、测定数量的要求

测定群体为纯繁后代,在测定结束(体重为 85～115kg)时必须保证每窝至少有 1 公和 2 母用于生产性能测定。保证结测时保种场有效测定猪 48 头,其中母猪 32 头,公猪 16 头。选择入测猪时要注意三点:一是避免杂交后代;二是避免血缘太近;三是避免不健康、发育不良的猪入测。

二、测定环境的要求

(1)测定舍　理想测定环境是采用自动通风换气、温湿度控制、硬地面设计的猪舍，测定舍应与生长育肥舍区分，不能与其他猪混养。因此，应单独设立确山黑猪生长性能测定舍，要求舍内有干湿温度计测定仪器，通风换气设备要完善。

（2）测定设备　称重设备要求采用精度在100g以上的电子笼秤，使用B型超声波仪进行背膘厚和眼肌面积的测定，B超探头应为12cm以上的线阵探头，保证横向扫描时眼肌一次成像，采食量的测定采用精度在1g以上的电子秤。

（3）测定技术人员　测定技术人员必须接受统一的培训，并固定人员。理想模式是由固定的测定人员进行测定。

（4）管理条件　受测猪的营养水平、卫生条件、饲料种类及日常管理应相对稳定，应由专人进行饲养管理。

（5）测定猪只　受测猪必须来源于本场确山黑猪纯种后代，编号清楚，父母来源清晰，符合本品种特征，健康、生长发育正常、无外形损征和遗传缺陷。

三、测定程序

（1）预试　受测猪进入确山黑猪测定舍后，按性别、体重分开饲养，每个测定舍4～6头，观察、预试10～15d。

（2）测定　当体重达（25.00±3.00）kg时开始测定，受测猪中途出现疾病应及时治疗，如生长受阻应淘汰并称重。当体重达（115.00±15.00）kg时，称重并用B超测定眼肌面积、膘厚；准确记录测定期耗料，并计算测定期饲料转化效率。

四、测定结果

对测定结果进行记录，包括猪只编号、出生日期、初生重、同窝仔猪数、始测日期、始测体重、结测日期、结测体重和测定期耗料等。测定性状包括体尺性能、屠宰性能和肉质性状等（表3-1至表3-4）。

表 3-1 确山黑猪体尺性能测定

项目	体长 (cm)	体高 (cm)	胸围 (cm)	管围 (cm)	腿臀围 (cm)	宰前活重 (kg)
确山黑猪公猪	131.50±5.80	66.50±4.19	120.17±5.11	18.42±1.59	44.92±2.68	124.00±16.48
确山黑猪母猪	129.63±6.79	67.75±3.11	117.25±6.06	18.00±2.55	44.75±5.72	118.25±16.98
确山黑猪长嘴型	133.25±6.26	69.17±2.91	120.33±5.62	19.25±1.73	45.75±4.18	126.83±12.82
确山黑猪短嘴型	127.00±4.06	63.75±2.59	117.00±5.20	16.75±1.48	43.50±3.77	114.00±19.24

表 3-2 确山黑猪屠宰性能测定

项目	确山黑猪公猪	确山黑猪母猪	确山黑猪长嘴型	确山黑猪短嘴型
胴体直长 (cm)	109.50±5.85	110.25±5.93	108.17±3.72	112.25±7.50
胴体斜长 (cm)	86.67±3.35	88.25±7.15	87.50±5.91	87.00±4.12
胴体重 (kg)	43.47±6.96	49.45±5.75	44.45±6.77	47.98±7.13
眼肌面积 (cm²)	37.22±6.95	41.79±2.16	39.35±6.13	38.59±5.75
皮厚 (mm)	6.58±1.36	5.87±0.72	6.09±0.89	6.61±1.50
平均背膘厚 (mm)	37.29±5.71	38.48±6.00	39.09±7.01	35.81±4.04
瘦肉率 (%)	42.70±2.74	45.42±3.42	44.66±3.12	42.79±4.15
脂肪率 (%)	30.99±2.13	28.47±2.13	30.06±1.85	29.68±2.45
皮率 (%)	14.81±1.63	12.25±0.88	13.36±1.19	14.19±1.50
骨率 (%)	8.79±0.88	7.66±0.75	8.14±0.78	8.52±0.83
板油率 (%)	4.76±0.75	3.68±0.23	4.99±0.64	3.42±0.30
腿臀率 (%)	25.56±1.48	26.90±1.92	26.37±1.36	27.91±2.61
头重 (kg)	8.95±1.52	9.33±1.41	8.88±1.57	9.43±1.30
蹄重 (kg)	1.60±0.17	1.51±0.19	1.50±0.18	1.66±0.18

表 3-3 确山黑猪内脏测定

项目	心（kg）	肺（kg）	肝（kg）	脾（kg）	肾（kg）	大肠（m）	小肠（m）
确山黑猪公猪	0.30±0.04	0.80±0.11	1.11±0.20	0.12±0.02	0.12±0.01	4.93±0.70	14.62±2.33
确山黑猪母猪	0.32±0.09	0.89±0.26	1.36±0.36	0.18±0.07	0.15±0.04	5.78±0.75	15.89±1.28
确山黑猪长嘴型	0.30±0.08	0.91±0.17	1.20±0.32	0.15±0.07	0.13±0.03	5.39±0.90	15.20±1.87
确山黑猪短嘴型	0.32±0.03	0.73±0.16	1.23±0.26	0.13±0.02	0.14±0.04	5.09±0.67	15.01±2.35

表 3-4 确山黑猪肉质性能测定

项目	确山黑猪公猪	确山黑猪母猪	确山黑猪长嘴型	确山黑猪短嘴型
45min 肉色评分	4.08±0.45	4.25±0.25	4.33±0.37	3.88±0.22
24h 肉色评分	4.00±0.32	3.50±0.50	3.90±0.49	3.63±0.41
45min 大理石纹	4.58±0.45	4.63±0.41	4.58±0.53	4.63±0.22
24h 大理石纹	4.50±0.71	4.13±0.54	4.70±0.60	3.88±0.41
剪切力（N）	28.91±3.82	26.26±3.04	27.73±3.72	27.93±2.65
pH_{45min}	6.26±0.41	6.48±0.07	6.28±0.43	6.46±0.02
pH_{24h}	5.93±0.10	5.68±0.16	5.80±0.19	5.83±0.17
滴水损失（%）	3.20±0.47	3.21±0.53	3.41±0.53	2.90±0.27

第五节　种质特性研究

一、确山黑猪种质亲缘关系鉴定

为了更好地保护和开发利用确山黑猪，河南农业大学养猪教研室通过线粒体 DNA 的 D-loop 区段的多态性，对 38 头确山黑猪的亲缘关系进行了研究，结果显示 38 头确山黑猪分属于 9 种单倍型，依据单倍型内个体数的多少依次命名为 Hap 1～Hap 9，结果见表 3-5。

表 3-5　确山黑猪 D-loop 区内的单核苷酸突变及单倍型分类

单倍型	109	124	131	136	145	153	158	181	241	279	294	306	323	337	390	452	575
Hap1	C	A	G	A	T	T	G	C	C	T	G	T	T	C	T	C	G
Hap2	.	.	.	.	.	.	.	.	T	C	.	.	.	.	.	T	.
Hap3	.	.	A	/	.	.	.	.	T	C	.	.	.	.	.	T	.
Hap4	.	.	.	.	.	.	.	.	T	.	.	.	.	.	.	.	.
Hap5	.	.	.	.	.	.	T	T	C	.	.	.	.	.	C	T	.
Hap6	.	.	.	.	.	.	.	T	C	A	C	C	T	C	.	.	A
Hap7	.	.	C	.	.	.	T	.	.	.	.	.	.	.	.	.	.
Hap8	.	.	.	.	.	.	.	.	.	.	.	.	.	.	.	T	.
Hap9	.	.	A	/	.	A	.	T	.	.	.	.	.	.	.	.	.

注：109～575 表示 17 个核苷酸突变的位置；"."表示与 Hap1 相同碱基，"/"表示碱基缺失。

通过确山黑猪、长白猪、杜洛克猪、大白猪、莱芜猪、二花脸猪、豫西黑猪、淮南黑猪、南阳黑猪 D-loop 区的单倍型构建 NJ 进化树。分析显示，确山黑猪与引进猪种总体的亲缘关系较远，与中国地方猪关系更近。确山黑猪与大白猪的关系稍近于杜洛克猪和长白猪；相比于莱芜黑猪，确山黑猪与二花脸猪的亲缘关系更近。结果见图 3-1。

二、确山黑猪屠宰性能、肉质性状的测定与分析

为了进一步挖掘确山黑猪优良的生产性能，河南农业大学养猪教研室于 2018 年先后对确山黑猪、豫西黑猪和雏鹰黑猪进行了屠宰性能和肉质性状

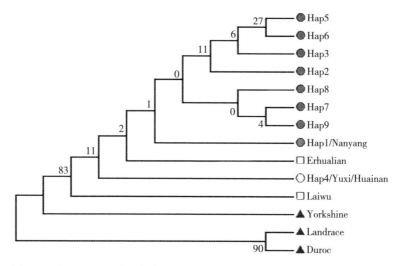

图 3-1　确山黑猪和引进猪种以及中国地方猪种 D-loop 区单倍型 NJ 进化树

的测定与分析，测定结果如表 3-6、表 3-7 所示。与河南省其他地方品种相比，确山黑猪的胴体长和屠宰率均优于其他地方品种，胴体重优于豫南黑猪和雏鹰黑猪，而脂肪率高于其他地方品种，瘦肉率则低于其他地方品种。对于肉质性状，确山黑猪的肉色、大理石纹、水分含量和滴水损失均优于其他地方品种，肌内脂肪含量优于豫西黑猪和雏鹰黑猪。该分析结果说明，确山黑猪的屠宰性能和肉质性状等种质特性存在一定的优势，具有重要的推广和应用的价值。

表 3-6　确山黑猪与河南省地方猪屠宰性能比较

项目	确山黑猪	豫南黑猪	豫西黑猪	雏鹰黑猪
胴体重（kg）	88.02±9.01	66.34±4.86	90.48±6.03	69.29±6.58
胴体长（cm）	108.0±3.24	97.69±3.36	102.2±4.61	96.27±3.39
背膘厚（mm）	30.55±7.74	26.63±5.03	33.24±7.60	34.49±6.81
眼肌面积（cm²）	23.15±2.29	31.77±4.96	30.15±2.29	26.47±3.13
皮率（%）	15.11±3.12	9.95±0.99	11.36±1.33	9.81±1.04
脂肪率（%）	31.00±4.78	21.85±3.58	30.26±6.93	20.67±4.09
瘦肉率（%）	44.54±1.97	56.08±3.42	49.11±5.63	58.67±3.21
骨率（%）	9.35±2.09	12.12±1.05	9.27±1.01	10.85±1.04
屠宰率（%）	75.46±2.35	74.67±1.94	75.20±1.35	74.09±1.87

表 3-7 确山黑猪与河南省地方猪肉质性状比较

项目	确山黑猪	豫南黑猪	豫西黑猪	雏鹰黑猪
肉色评分	4.10±0.22	3.44±0.25	3.94±1.27	3.30±0.62
大理石纹评分	4.30±0.27	3.66±0.44	3.31±0.75	3.30±0.79
pH_{45min}	6.43±0.04	6.43±0.14	6.10±0.25	6.26±0.25
pH_{24h}	5.86±0.15	—	5.59±0.16	6.00±0.19
滴水损失（%）	1.15±0.39	2.09±0.51	3.07±3.00	0.72±0.18
水分（%）	71.38±1.17	72.68±0.50	72.61±0.74	73.39±1.22
肌内脂肪（%）	3.95±2.17	4.11±0.82	3.47±1.05	3.89±2.32
蛋白质（%）	23.93±1.15	—	21.7±1.28	23.52±0.87
粗灰分（%）	2.11±0.50	—	1.31±0.14	—
钙（%）	0.24±0.05	—	0.19±0.02	—
磷（%）	0.16±0.01	—	0.20±0.02	—

第四章
品 种 繁 育

第一节 种猪选择与培育

一、确山黑猪种猪的选择

1. 体型外貌　选留体格较大、身躯较长、腿臀发达、体质结实的个体，同时具有本品种特征，如头大，面部稍凹，额部有菱形皱纹，中间有两条纵褶；大部分嘴筒短，小部分嘴筒中等长；耳中等下垂，背腰较宽，臀部较丰满、稍倾斜的个体留种。

2. 繁殖性能　选留生殖器官发育正常的个体留种，有缺陷的公猪及早淘汰；对公猪的精液品质进行检查，选择精液质量优良、性欲良好、配种能力强的公猪留种备用。

3. 生长性能　选留生长速度快的个体，体尺性状达到本品种要求。

4. 胴体性状　选留个体要求屠宰率达到 74%，肉色评分达 3.5 分左右，大理石纹达 4 分左右，肌内脂肪含量达 3.0% 以上。

候选小公猪和小母猪从断奶后开始测定，至 6～7 月龄时结合测定结果进行最终的选择。选种阶段包括：

（1）第一次选择　在仔猪 2 月龄断奶时进行，主要是根据品种要求对毛色、外貌、发育、体质、乳头及遗传缺陷进行选择。

（2）第二次选择　在 4 月龄时进行，主要是根据发育、体质等进行选择。

（3）第三次选择　在 6～7 月龄时进行，这是测定期的最终选择，根据品种要求，对表型成绩进行评定和选留。

每一世代的选择方法和公母选留比例应根据家系情况等量留种，尽量做到

家系后代不丢失。

二、公母猪数量比例及家系间选种要求

确山黑猪种公猪有 8 个家系，核心群母猪有 121 头，在选留后代时，保证每个家系 2 头公猪，1 头主配、1 头副配，共 16 头公猪，母猪保证核心母猪 121 头，以后从每个公母猪的后代中等量选留后备公母猪。

第二节　选配方法

一、表型选配

确山黑猪从嘴型上可以分为长嘴型和短嘴型。因此，在情期配种时，严格按照长嘴型公猪和长嘴型母猪进行配种，短嘴型公猪和短嘴型母猪进行配种，在下一代中，分别选择嘴型一致的后代。这种方法主要使确山黑猪家系均匀配种和留种，使其优良的表型性状得到巩固，为培育新品系、新品种提供优质的遗传资源。

确山黑猪在选配过程中，可以采用随机交配和人工选择计划配种方式相结合，可以采用不同性状的个体和家系间进行杂交，创新种质资源。

二、亲缘选配

亲缘选配是根据公母猪交配双方的亲缘关系远近程度进行选配的方法。亲缘选配可相对分为亲缘选配和非亲缘选配两类。当猪群中出现个别或少数特别优秀的个体时，为了尽量保持这些优秀个体的特性，固定其优良性状，提高猪群内纯合型的基因频率，或者为了淘汰劣质基因，可采用亲缘选配。因此，根据确山黑猪优异性状，如性欲旺盛的公猪，可以选择亲缘近的发情明显的母猪进行配种，提高对于后代性欲或发情性状的选择。

三、选配方法的实施

（一）前期准备

（1）调查了解确山黑猪猪群的家系情况和确山黑猪的群体组成　主要是猪群来源、系谱结构、猪群现有结构和生产性能、性能统计和分析、需要提高或改进的性状等。

（2）分析以前配种的结果　分析和了解各公猪、母猪交配所产后代性状的优劣，有无遗传性疾病等。

（3）分析参加配种的公母猪系谱　在个体品质，如年龄、体重、体尺、体型外貌、体质、类型、生产性能等的基础上，对每头公母猪的选配效果有预见性地估计，以便于将来总结这种预期效果，为下一步改进方案创造条件。

（二）制定配种方案

目前采用同质选配的方法，根据确山黑猪体型外貌特征进行配种，并测定配合力。

（三）选配方法

有个体选配和群体选配两种。核心群母猪用个体选配方法，逐头分析选定种公猪与种母猪配种。其他养殖场户，采用群体选配方法，对某个场或一定区域内的确山黑猪养殖场选定几头公猪为母猪进行配种。

第五章
营养需要与常用饲料

第一节　营养需求

饲料成本占养猪生产总成本的 70% 左右。因此，提高饲料转化率、降低饲料成本是发展养猪生产的主要任务之一。

仔猪出生后，随着年龄的增长和体重的增加，猪体化学成分将发生一系列变化：体重 15～120kg，蛋白质和矿物质所占比例变化不大，而水分和脂肪的变化很大，水分明显下降，脂肪显著增加。不同品种类型的猪，体组织化学成分也有差异。因此，配制饲粮时，应考虑猪的品种、年龄和体重等因素。

猪的营养需要是指保证猪体健康和充分发挥其生产性能所需要的营养需要，可分为维持需要和生产需要。不同生理阶段对营养的需要不一样。

一、种公猪的营养需要

确定种公猪营养需要的依据，主要是公猪的体况、配种任务和精液的数量及质量。在饲养种公猪的过程中应定期称重和检查精液品质，以便了解日粮营养水平是否符合其需要，并作相应的调整。

1. 能量　后备公猪日粮中能量供应不足时，将影响睾丸和附属性器官的发育，性成熟推迟，初情期射精量少。成年公猪的日粮中能量供应不足时，睾丸和其他性器官的机能减弱，性欲降低，睾丸产生精子作用受到抑制或损害，所产生的精液精子密度低、精子活力弱。尽管提高种公猪日粮能量水平后，可促使公猪性机能恢复，但需要一个相当长的过程，一般来说为 30～40d。在生产实践中对于配种任务重的公猪，必须及早加强饲养。种公猪的能量供给也不宜过多，否则过于肥胖，降低甚至丧失其配种能力。在过度配种的情况下，即使给予丰富的营养，也不能阻止性机能的减退和精液品质的下降。非配种期的能量需要是维持需要的 1.55 倍，即在维持需要基础上增加 55%；配种期的能量需要为非配种期的 124.5%。

2. 蛋白质和氨基酸　种公猪日粮中蛋白质的数量与质量，均可影响种公猪性器官的发育与精液品质。发育期间，蛋白质摄入不足会延缓其性成熟；成年公猪饲粮中蛋白质不足，会影响精子形成和减少射精量，但轻微的营养不良（日粮粗蛋白质水平 12%）所造成的繁殖性能的损伤可很快恢复。饲粮中蛋白质过多，不利于精液品质的提高。

确山黑猪种公猪粗蛋白质的需要量：体重在 90kg 以下时为 14%，体重在 90kg 以上时为 12%。同时注意提供足量必需氨基酸，特别是赖氨酸、蛋氨酸＋胱氨酸、色氨酸、苏氨酸、异亮氨酸。其中，赖氨酸对改进种公猪精液品质有良好作用。为了充分发挥优秀种公猪的作用，日粮中还可以添加 5% 左右的动物性蛋白饲料。

3. 矿物质　钙离子能刺激细胞的糖酵解过程，给精子活动提供能量，从而增强精子活力，尤其是鞭毛活动。同时还能促进精子和卵子的融合及精子穿入卵细胞透明带。后备公猪饲粮含钙 0.90%，成年公猪饲粮含钙 0.75% 可满足其繁殖需要。钙、磷比要求 1.25∶1。另外，公猪的睾丸、附睾、前列腺及精囊腺均与硒有密切关系，而且附睾各部分的硒含量与精子密度呈显著正相关。此外，公猪精液成分内还含有钠、钾、镁、氯、锰、锌等矿物质元素。因此，还需注意其他矿物质元素的供给。

4. 维生素　维生素 A 与种公猪的配种能力密切相关。长期缺乏维生素 A，则延迟青年公猪性成熟，睾丸显著变小，睾丸产生精子的上皮细胞变性，成年公猪的性欲减退，并导致其生殖腺上皮细胞（主要是睾丸）退化，降低精子数量与质量。补饲维生素 A 和胡萝卜素，可使生殖上皮、精子生成和正常性活动得到恢复，每千克饲粮要求含量不少于 3 500IU。维生素 D 和钙、磷的吸收利用有密切关系，只有在维生素 D 的参与下，钙和磷才能在构成骨骼和牙齿等组织的过程中发生作用，否则即使钙、磷含量丰富，比例恰当，其利用率也大为降低。长期缺乏维生素 D 可阻碍钙、磷的吸收和代谢，引起骨质钙化不全，使仔猪患佝偻病，使成年猪发生骨骼无机盐溶解而患软骨症。因此，每千克饲料中维生素 D 应不少于 200IU，如果公猪每天有 1～2h 日照，就能满足对

维生素 D 的需要。长期缺乏维生素 E，可导致成年公猪睾丸退化，影响精液品质，每千克饲料中维生素 E 应不少于 9mg。

二、后备母猪的营养需要

判定后备母猪营养水平合适的主要标志是能保持其良好的种用体况，初情期适时出现，并达到要求的初配体重。80~90kg 的后备母猪，通常能量摄取水平限制在每天代谢能 25.12MJ，这期间应限制饲喂并加强维生素和矿物质的供给，而且日粮蛋白质水平应达到 14% 左右，日采食量不超过 2kg。此外，在环境、设备条件良好的舍饲后备母猪的饲喂量，应比一般舍饲的后备母猪减少 10% 左右。实际生产中，要给后备母猪提供足够水平及质量的蛋白质，并保证矿物质和维生素的充分供应，以确保稳定的体重增长。后备母猪的日粮应含消化能 12.96MJ/kg、粗蛋白质 15%、赖氨酸 0.7%、钙 0.82% 和磷 0.73%，而且从选种后采取自由采食，选作交配的后备母猪至少应经历两个发情周期，体重 115~125kg，背膘厚达 18~22mm。

三、妊娠母猪的营养需要

妊娠母猪的营养需要量可按维持和生产需要的析因法来确定，其生产需要又分为子宫内容物（子宫、胚胎、胎盘等）和子宫外物（乳房、母体本身增重）的需要。妊娠母猪从饲料中获得的营养物质必须全面均衡，数量足够，否则会影响胚胎的生长发育，也影响妊娠后期乳腺组织发育及生殖器官增生肥厚，还会影响初产母猪本身的生长发育。因此，要从各方面来满足妊娠母猪的营养需要。

1. 能量 高能量饲料可能导致早期胚胎死亡，低能量饲料有利于胚胎成活；研究发现，使用低能量水平饲料的产仔数并不少于高能量水平，但其初生重明显较低。为保证妊娠早期的胚胎成活，又有较高的初生重，妊娠前期给予较低的能量，后期可以较高。妊娠前期每头每日需消化能约 22.26MJ，妊娠后期约需 28.12MJ。

2. 蛋白质 蛋白质是胎儿与母猪本身生长发育最重要的营养成分，也是为产后哺乳进行贮备的重要营养成分。一般饲料中应有 14%~16% 的粗蛋白质含量。粗蛋白质充足，则母猪产仔多，仔猪初生体重大，可以减少死胎、弱胎、畸形胎。

3. **维生素** 维生素是保证母猪健康和促进胎儿生长发育所必需的营养物质。缺乏维生素 A，会发生母猪不孕、流产、胚胎死亡、产弱仔与木乃伊、难产、胎盘不下、胚胎发育不良和仔猪畸形等；缺乏维生素 D，会发生死胎、弱胎，母猪产后瘫痪；缺乏维生素 E 时，会发生死胎，以及胎儿生长发育迟缓。因此，配制妊娠母猪饲料时，要十分重视维生素的供给，可使用猪用复合多种维生素来添加，在青绿饲料丰富的地区和季节，可适当加大青绿饲料的饲喂量。

4. **矿物质** 矿物质是保证母猪身体健康、胎儿生长发育所必需的营养物质。饲料中钙和磷不足，使胎儿发育不良，初生仔猪生活力弱，发病率和死亡率高；母猪本身也因缺少钙、磷，使健康状况恶化，产后泌乳量降低，容易患产后瘫痪症；长期缺磷的母猪，会发生不孕和流产现象。另外，缺锰会发生胚胎被吸收与死亡，以及母猪卵巢受损；缺锌会使产仔数减少，仔猪初生体重小；缺硒会发生胚胎死亡，母猪产弱仔，仔猪出生后生活力弱，以及断奶后的成活率降低；缺碘会发生胚胎死亡，母猪流产、胎衣不下；缺铁、铜、锌会使新生仔猪贫血、体弱等。因此，母猪在妊娠期间必须补充常量与微量元素，可按配方的需要，通过添加复合矿物质元素来满足其需要。在所配制的饲料中，能量与蛋白质可略高于饲养标准中的营养需要量。妊娠母猪中必须有青、粗饲料，这有利于提高母猪的繁殖力与泌乳力。

四、泌乳母猪的营养需要

泌乳母猪的饲养是猪场生产中最复杂、最重要的一环，因为泌乳母猪生产性能的发挥直接影响仔猪的生长和成活率，是猪场取得好效益的关键。但在生产中常会出现泌乳母猪过肥或过瘦、缺奶或无奶、配种间隔延长、配种受胎率低、淘汰率高以及仔猪腹泻、增重慢等问题，造成很大的经济损失。泌乳母猪需要消耗一定的体储备来获取维持和泌乳的营养需要，体储备过度损失会降低其体重，导致断奶到产后发情时间的延长，受胎率降低并易被提前淘汰。因此，必须重视泌乳母猪的营养合理供给，给泌乳母猪提供足量的养分，充分发挥其泌乳性能，以获得最大的泌乳量，最佳的仔猪增重及母猪良好的繁殖性能。

1. **能量** 泌乳母猪的能量需要包括维持生命需要、泌乳需要和生长需要。当泌乳母猪摄入的能量不能满足这三种能量需求时，母猪就动用自身储备进行泌乳。而当母猪体重损失过大时，就会影响下一次发情。泌乳母猪日粮消化能水平应达到 13～13.8MJ/kg。提高饲粮能量水平的有效措施是添加脂肪，特别是在夏季高温季节，这样不但可以提高泌乳母猪日产奶量和乳脂率，而且还可提高仔猪成活率。脂肪的适宜添加量在 2％～3％，添加量若大于 5％，不仅会影响母猪的繁殖性能，而且饲料容易变质，增加饲料的成本。

2. 蛋白质和氨基酸 泌乳母猪对蛋白质的需求较高，日粮粗蛋白含量要达 16.5％～18％，并选用优质豆粕、膨化大豆或进口鱼粉等蛋白质原料。在所有氨基酸中，赖氨酸是泌乳母猪的第一限制性氨基酸。

3. 维生素 夏季母猪日粮中添加一定量的维生素 C（150～300mg/kg），可减缓热应激；维生素 E（30～50mg/kg）可增强机体免疫力和抗氧化功能，减少母猪乳房炎、子宫炎的发生，缺乏时可导致仔猪断奶成活数减少，仔猪腹泻增多；生物素（0.2mg/kg）广泛参与糖类、脂肪和蛋白质的代谢，生物素缺乏可导致皮炎或蹄裂；维生素 D（150～200IU/kg）可调节体内钙、磷代谢；其他一些必需维生素如叶酸、泛酸、胆碱等也应适量添加，不可忽视。

4. 矿物质 矿物质中钙和磷对泌乳母猪特别重要。母乳中约含钙 0.21％、磷 0.15％，钙、磷比为 1.4∶1。泌乳母猪日粮中钙、磷含量过低或比例失调可造成泌乳母猪后肢瘫痪，适宜的钙含量为 0.8％～1.0％、磷含量为 0.7％～0.8％，有效磷为 0.45％。为提高植酸磷的吸收利用率，可在日粮中添加植酸酶。在原料选择上应选择优质钙、磷添加剂。母猪在泌乳期间会丢失大量的铁，常常表现临界缺铁性贫血状态，不但影响健康，而且降低对饲料的利用率，推荐用量为每千克日粮添加 70mg 铁；日粮中缺锰，母猪会出现骨骼异常，发情不规律或不发情，泌乳量减少等现象，每千克日粮中添加 5～10mg 锰比较适宜；锌可以促进蹄、骨骼、毛发的发育，减少蹄病，同时可以提高母猪的繁殖性能和减少乳房炎的发生，每千克日粮中添加 60mg 锌比较适宜；硒和碘的添加量为每千克日粮 0.15mg 和 0.14mg。

五、仔猪的营养需要

仔猪的营养需要一直是猪营养研究中最活跃的领域，这是因为仔猪的生理机能正处在发育完善中，稍有不慎就会给仔猪健康带来影响，甚至死亡。仔猪饲养好坏是养猪生产是否获利的关键。

1. 能量 哺乳期或断奶后的仔猪通常采用自由采食的方式饲养，但考虑到猪的消化能力，若自由采食带来消化不良，则采用限制饲养。自由采食情况下，能量需要量以每千克饲料能量含量即能量浓度表示，限制饲养时则用每天能量需要量表示。哺乳期仔猪能量需要从母乳和补料中得到满足。随着仔猪日龄和体重增加，母乳的能量满足量下降，差额部分由补料满足。据研究，3～8周龄哺乳仔猪平均日采食补料 0.25kg，哺乳仔猪最适能量浓度为 13.81～15.06MJ/kg。在此能量水平下，仔猪可获得最佳增重和消化道正常发育。断奶后仔猪，尤其是早期断奶仔猪通常采用自由采食，日粮能量浓度仍以 13.81～15.06MJ/kg 消化能为宜（表 5-1）。

表 5-1　不同阶段仔猪日饲料供给量

仔猪日龄	体重（kg）	每天能量需要量（MJ/kg）	日饲料供给量（g）
22	5.70	1.26	85
25	5.80	1.90	130
28	6.00	2.64	180
32	6.80	3.95	270
35	7.60	4.83	330
39	8.80	6.44	440
42	10.00	7.32	500

2. 蛋白质、氨基酸

（1）蛋白质的品质　由于幼龄仔猪消化道尚未成熟，供给易消化、生物学价值高的蛋白质饲料非常重要，否则，再高的粗蛋白质水平也无济于事，相反会有不利作用。蛋白质生物学价值主要取决于氨基酸含量及其比例。据分析，仔猪最佳氨基酸比例为（以赖氨酸为100）：赖氨酸100、蛋氨酸＋胱氨酸50、苏氨酸60、色氨酸15、亮氨酸100、异亮氨酸55、组氨酸33、苯丙氨酸＋酪氨酸96、缬氨酸70。把具有上述氨基酸平衡比例的蛋白质称理想蛋白质。由于理想蛋白质利用率高，仔猪对其需要量就会降低。按饲料百分比计算，仔猪对理想蛋白质的需要量比粗蛋白质约低 2 个百分点。

（2）蛋白质水平　研究表明，仔猪的腹泻与日粮高蛋白水平有关，当蛋白水平达23%时腹泻加剧，生长速度下降，因为蛋白质是一种活性很强的抗原物质，进入仔猪消化道后，发生局部免疫反应而导致消化道损伤。因此，为减轻仔猪腹泻程度，日粮中蛋白质水平以 18%～20% 为宜，可消化粗蛋白质以15%～16% 为宜。

（3）饲养水平与能量浓度 饲养标准中仔猪蛋白质需要量，是自由采食条件下饲料中的含量。实际上，保证仔猪每天实际摄入的蛋白质数量比保证饲料中蛋白质含量更为重要，因为仔猪的采食量时常变化。当限制饲养或采食量低时，饲料粗蛋白质的百分比也应提高。由于能量浓度的需要规律相同，蛋白质需要可与能量挂钩，按兆焦消化能需要量表示。0～3周龄推荐量每兆焦消化能为16g粗蛋白质，3～8周龄为14g粗蛋白质。

（4）饲料粗纤维水平 为了促进仔猪消化道发育，饲料中粗纤维含量以5％为宜，其已高于一些饲养标准中的限额。

3. 矿物质 为了促进仔猪的生长发育，日粮中的最佳钙、磷比例，在7.8～20kg阶段为1.3：1，低于育肥猪的2：1。初生仔猪铁贮量约53mg，每天需要量为7～16mg，每天可从母乳中获得1mg。因此，仔猪的铁贮量只能维持3～7d。出生后3d注射100～200mg铁可有效防止新生仔猪贫血。锰的需要量很低，日粮中0.5mg/kg的锰足以保证仔猪正常生长和饲料利用率。考虑到骨骼发育和有机物的正常代谢，仔猪饲粮应含锰4mg/kg。高锌可以缓解下痢，提高仔猪日增重，且未见毒性和不良反应，尤其在营养丰富的乳清粉、喷雾干燥血粉和进口鱼粉中使用高锌的效果比玉米-豆粕日粮效果要好得多。但高锌应用仅限于仔猪断奶前后，长期应用效果不良。推荐高锌剂量2 500～3 000mg/kg。铬的利用可提高动物的免疫机能、抵抗力增强，改善断奶仔猪生产性能。实验证明，200mg/kg为最佳添加剂量。

4. 维生素 为了防止各种因素造成的维生素临床或亚临床缺乏或影响生产性能，可以不考虑日粮中含量而按需要量提供全部维生素，特别是在封闭式集约化饲养条件下。

5. 水 仔猪从出生后1～2d开始需要饮水。需水量受仔猪体重、健康状况、日粮组成、环境温度等因素影响，要保证供给水或安装自动饮水器让猪自由饮用。

六、生长育肥猪的营养需要

营养是充分发挥生长育肥猪生产性能的重要保证，营养水平过低或不平衡会影响猪的正常生长发育，降低生产性能；营养水平过高，也不能获得最佳的经济效益。因此，生产上应合理调控营养、确定适宜水平、保持最佳生产状态、获得最佳经济效益。生长猪指体重25～50kg（或30～60kg）（不作种用）

的猪（或 70～120 日龄的猪），育肥猪指体重 50～90kg（或 60～100kg）的猪（或 120 日龄至屠宰日龄的猪）。

1. 能量　能量浓度影响猪的采食量，也影响生长速度，随着能量水平的提高，饲料转化率和生长速度都得到改善和提高，蛋白质沉积速率增加，而每千克猪肉中的瘦肉含量却呈下降趋势。在一定范围内能量浓度与采食量呈负相关。如果日粮中能量浓度过低，即使猪多采食饲料也满足不了所需能量，从而使猪的日采食消化能降低，影响其生产性能。确山黑猪生长育肥猪阶段的能量浓度为 14.23MJ/kg，而大多数饲料原料的能量浓度都低于此值，因此必须向饲粮中添加油脂，提高日粮能量浓度和赖氨酸水平，提高生长猪的日增重和饲料转化率。

2. 粗蛋白　在一定范围内（9%～18%），针对同品种、类型和满足消化能需要的生长猪来说，随着饲料蛋白质水平的提高，其增重速度加快、饲料转化率提高。生长猪需要的 10 种必需氨基酸，缺乏任何一种都会影响增重，特别是赖氨酸、蛋氨酸和色氨酸，确山黑猪的生长育肥猪的赖氨酸占粗蛋白含量的 4.55%～5.28%，其余氨基酸需要量依据理想蛋白质模型在赖氨酸需要量基础上确定。

3. 矿物质　生长育肥猪至少需要 13 种矿物元素，包括钙、磷、钠、氯、钾、镁、硫 7 种常量元素和铁、铜、锌、锰、碘、硒 6 种微量元素。生长育肥猪日粮中添加适量的矿物质和维生素，以保证其正常生长。生长育肥猪日粮中钙、磷比例应在（1～2）∶1。

4. 粗纤维　粗纤维含量是影响饲粮适口性和消化率的主要因素。饲粮粗纤维含量过低，猪会腹泻或便秘；饲料粗纤维含量过高，则适口性差并严重降低增重和养分消化率。生长育肥猪饲粮粗纤维水平应控制在 5%～8%。

5. 饮水　生长育肥猪每吃 1kg 饲料须饮水 2.5～3.0kg，才能保证正常的消化和代谢。一般在春秋季节的水料比为 4∶1，约为体重的 16%；夏季水料比为 5∶1，约为体重的 23%；冬季也要供给（2～3）∶1 或体重的 10%左右的水。

第二节　常用饲料与日粮

一、猪的饲料种类及其特点

猪的饲料很多，总的来说可分为五类。其中作为地方猪遗传资源，确山黑猪饲料来源粗饲料较多。

1. 青饲料 青饲料种类繁多，包括天然草地、栽培牧草、蔬菜类、作物茎叶、枝叶及水生植物等，这类饲料的特点是幼嫩多汁，适口性好，易于消化吸收，蛋白质含量丰富，维生素含量较多，并含有一定的矿物质元素和未知生长因子。这类饲料，断奶后小猪日喂 0.5～1kg，30～50kg 中猪 1～2kg，50kg 以上大猪 2～3kg。目前全价饲料喂养技术非常成熟和普及，这些青绿饲料可以作为补充料来用，也就是在餐后适当供给猪吃，以防止全价饲料中的维生素、蛋白质和钙不足（豆科牧草含钙较多）。

（1）青绿饲料鲜嫩多汁（含水量一般在 60％以上）、颜色青绿、易咀嚼、易消化、适口性极好，能刺激猪的食欲，膳食纤维适当、能促进肠道蠕动，促进消化；相反，谷物为主的日粮饲料较干，不易咀嚼，膳食纤维少。

（2）青绿饲料中含有丰富的蛋白质，干物质中粗蛋白含量在 10％～20％，比一般的谷物饲料高，氨基酸含量优于其他饲料，尤其是赖氨酸、色氨酸、精氨酸、蛋氨酸含量多于其他谷物饲料，在玉米等为主的能量饲料的谷物中，赖氨酸和蛋氨酸是缺乏的，需要在预混料中或配合饲料中补充 0.1％～0.2％的赖氨酸和 0.05％～0.15％的蛋氨酸。

（3）青绿饲料中的维生素含量是植物饲料中最为丰富的，尤其是胡萝卜素、B族维生素、维生素 C、维生素 E、维生素 K 等含量较高，一般牧草中胡萝卜素含量为 50～80mg/kg，胡萝卜中则含有胡萝卜素达到 100～250mg/kg。所以，青绿饲料天然就是一种维生素的"预混料"，有经验的养殖户都会用青绿饲料喂养妊娠和哺乳期的母猪，以补充维生素。

（4）青绿饲料中一般含有丰富的钙、磷、钾，尤其是豆科牧草中，这类的矿物质含量最多，而一般的谷物饲料中都缺乏钙（如麦麸米糠中，钙含量只有 0.04％左右，磷含量相对又太多，玉米、稻谷中钙含量都极少），而铁、铜、锌、锰含量都比较丰富。

（5）青绿饲料中的微量元素与维生素之间不会发生颉颃效应和反应，彼此可以维持较好的保存性，而预混料产品中的微量元素矿物质和维生素之间可能会因为颉颃效应而降低喂养的效果，损失营养。

2. 多汁饲料 包括根茎类饲料，如新鲜甘薯、萝卜、芋头等；瓜类饲料，如南瓜、节瓜等。多汁饲料水分多，粗纤维少，无氮浸出物含量高，胡萝卜素多，蛋白质和矿物质含量较低。瓜类饲料可作母猪催奶饲料，根茎类料含淀粉多可作育肥猪饲料。

3. 粗饲料　是指稿秆、秕壳、豆壳等副产品。这些饲料体积大、纤维多（18%以上）、难消化，又缺乏蛋白质、维生素和矿物质，如果不作处理，喂量不宜超过 3%～5%。衡量粗饲料质量的主要指标，首先是粗纤维含量的多少、木质化程度，其次是所含其他营养物质的数量和质量。一般来说，豆科粗饲料优于禾本科粗饲料，嫩的优于老的，绿色的优于枯黄的，叶片多的优于叶片少的。

4. 精饲料　按目前生产配合饲料的原料，可分为能量饲料和蛋白质饲料。

（1）能量饲料　常用的有玉米、稻谷、高粱、大麦等谷类和木薯粉、甘薯粉等以及糠麸类饲料。谷类饲料含淀粉特别高，一般占 75%～85%，但蛋白质较少（8%～10%），矿物质中磷多钙少，缺乏氯和钠，是各年龄猪的主要饲料，日粮用量为 40%～60%。糠麸饲料含无氮浸出物 53%～64%，粗蛋白质12%左右，也是磷多于钙，含有植酸盐，所以有轻泻作用，可作各年龄猪配合饲料，用量 10%～30%。薯粉类含淀粉 80%以上，缺乏蛋白质和矿物质，可作催肥饲料，日粮用量一般为 10%～30%。

（2）蛋白质饲料　指蛋白质含量特别高的饲料，在干物质中粗蛋白质20%以上，常用的有植物性蛋白质饲料，如豆类的大豆、蚕豆、毛豆等，油饼类的有大豆饼、花生饼、菜籽饼、棉籽饼、芝麻类饼等。这类饲料含蛋白质多在 25%～38%。大豆浸提残油后的粕称豆粕，同样地有菜籽粕、棉籽粕等，蛋白质相对比饼类更高，豆粕蛋白质含量达到 45%，菜籽粕达到36%，棉籽粕达到 40%。这类饲料氨基酸丰富，是养猪主要的蛋白质来源，日粮用量 15%～25%。生豆类含抗胰蛋白酶，所以须煮熟或炒熟喂，也可以采用发酵的方法去除抗营养因子（发酵黄豆）。动物性蛋白饲料，如鱼粉、血粉、蚕蛹粉、骨肉粉等，含蛋白质 50%～80%，是氨基酸较完全的饲料，用量为 5%～7%。

5. 矿物质饲料　包括磷酸氢钙、骨粉、贝壳粉、石粉、食盐等，主要含有钙、磷、钠、氯等，矿物质用量为 0.5%～2%，矿物质饲料还包括微量元素，如铁、铜、钴、锌、锰、碘、硒等。这类元素用量少，在日粮中也常感不足。此外还有糟渣饲料，如酒糟、粉渣、豆渣、酱渣等，含水分多，碳水化合物偏少，作为养猪饲料喂量不宜过多。母猪喂酒糟应注意胚胎慢性中毒，喂粉渣时要防止蛋白质缺乏症，喂酱渣时要谨防食盐中毒。

二、猪的饲料配合

（1）必须以猪的饲养标准中的各项营养指标规定为基础。饲养标准是通过试验总结出来的，标准规定的各项指标需要量可作为配合日粮的基础。

（2）必须适应猪的消化生理特点。不同年龄的猪其消化器官的发育有所不同，育肥猪对粗纤维消化力很低，应选择粗纤维含量低的饲料。仔猪代谢旺盛，消化器官又不发达，所以需要更精一点的饲料和添加酶来促进消化。

（3）必须考虑日粮体积和猪的食量。一般每 100kg 体重，每日需干物质 2.5～4kg，所以配合日粮应注意干物质含量。

（4）注意日粮适口性，避免选用发霉、变质或有毒的饲料原料。

（5）注意日粮的经济性，因地制宜、因时制宜，尽量利用本地区现有饲料资源。

（6）注意日粮的多样性，选用适宜的饲料原料，并力求多样搭配。

（7）注意精、粗饲料合理比例，小猪的粗纤维含量不超过 7%，中、大猪不大于 12%。

（8）注意日粮中能量和粗蛋白质的含量，育肥猪日粮中每千克应含能量 11.72～12.56MJ，粗蛋白为 12%～16%。仔猪取大值，大猪取小值。

第六章
饲养管理技术

第一节　哺乳仔猪的饲养管理

哺乳仔猪饲养管理的中心任务是降低哺乳期仔猪死亡数，提高仔猪断奶窝重和断奶个体体重，加速猪群周转，提高养猪的经济效益。

一、哺乳仔猪的生理特点

1. 消化机能　仔猪初生时，消化器官虽然已经形成，但其重量和容积都比较小。如初生时胃重只有 6～8g，容积仅 20～30mL；20 日龄时胃重 35g，容积为 100～140mL；60 日龄时胃重为 150g，容积为 570～800mL。小肠在哺乳期内也快速生长，长度增加 5 倍，容积增加 50～60 倍，消化器官快速生长保持到 6～8 月龄，以后开始降低，一直到 13～15 月龄才接近成年水平。仔猪初生时胃内仅有凝乳酶，而唾液淀粉酶和胃蛋白酶很少，仔猪的胃底腺不发达，缺乏游离盐酸，不能激活胃蛋白酶原的活性，因而不能很好地消化蛋白质，特别是植物性蛋白质。由于胃中缺乏盐酸，不能抑制或杀死进入胃中的病原微生物，这是哺乳仔猪容易发生黄痢、白痢的重要原因之一。

哺乳仔猪消化机能不完善的又一表现是食物通过消化道的速度比较快，食物进入胃内排空的速度，15 日龄时为 1.5h，30 日龄时为 3～5h。

2. 生长发育规律　仔猪出生时的体重不到成年体重的 1%，与其他动物相比，比例最小，但出生后的生长发育特别快。初生体重为 1.1kg 左右，10 日龄时体重达初生重的两倍，30 日龄达 5～6 倍，60 日龄达 13 倍。这是任何其他家畜不能与之相比的。仔猪生长发育快，是因为物质代谢旺盛，特别是蛋白质代谢和钙、磷代谢比成年猪高得多。20 日龄的仔猪每千克可沉积蛋白质 9～14g，而成年猪只能沉积 0.3～0.4g，相当于成年猪的 30～35 倍；仔猪对营养物质的需要，无论是在数量还是质量上，都高于成年猪，对日粮的营养不平衡特别敏感。所以，日粮除了满足仔猪的营养需要外，还必须达到营养成分之间的比例平衡。

3. 机体调节　初生仔猪下丘脑-垂体-肾上腺皮质系统的机能虽已经相当完善，但由于出生时大脑皮层发育尚不健全，因此依靠神经系统调节体温来适应环境的能力很差。初生仔猪的被毛稀薄，皮下脂肪又很少，保温、隔热能力很差。同时初生仔猪体内的能量储备也非常有限，每 100mL 血液中糖含量仅为 70～100mg，若吃不到初乳，2d 内血糖含量即降至 10mg 以下，可因低血糖症而出现昏迷。仔猪正常体温约 39℃，刚出生时所需的环境温度为 30～35℃，当环境温度偏低时仔猪体温开始下降，下降到一定范围开始回升。初生仔猪如处于 13～24℃环境中，体温在生后 1h 可降低 1.7～7.2℃，尤其在生后 20min 内，由于羊水的蒸发，体温降低更快，1h 后才开始回升。体温下降的幅度与仔猪体重大小和环境温度有关。吃上初乳的健壮仔猪，在 18～24℃环境条件下，约 2d 后可恢复正常。在 0℃左右（-4～2℃）的环境条件下，经 10d 尚难达到正常体温。刚出生的仔猪如果裸露在 1℃环境中 2h 可冻昏，甚至冻死。所以，对初生仔猪应做好保温工作。

4. 免疫力　仔猪出生时体内没有抗体，只有吃到初乳以后，才能通过吸收母源抗体获得免疫力。仔猪出生 10 日龄以后才开始自身产生抗体，并且在 3 周龄以后才达到具有抗病能力的抗体水平。因此，3 周龄以内是免疫球蛋白青黄不接的阶段，而这阶段仔猪刚开始采食饲料，但胃液中又缺乏游离盐酸，对随饲料、饮水进入肠胃中的微生物和病原没有抑制能力，这个阶段的仔猪容易患病和死亡。因此，应经常保持母猪乳房乳头的卫生、圈舍环境的清洁干燥、饲料饮水的卫生，以减少病原微生物的侵入，保证仔猪的健康。

二、初生仔猪的饲养管理要点

初生仔猪具有反应不灵敏、抵抗力差、免疫力弱、抗寒能力差、消化机能不完善、极易受伤害等特点，不断加强仔猪初生期的饲养管理显得尤为重要。

1. 剪犬齿　仔猪生后的第一天，对窝产仔数较多，特别是在产活仔数超过母猪乳头数时，可以剪掉仔猪的犬齿。对初生重小，体弱的仔猪也可以不剪。去掉犬齿的方法是用消毒后的铁钳子剪去犬齿，注意不要损伤仔猪的齿龈，断面要剪平整。剪掉犬齿的目的，是防止仔猪互相争乳头时咬伤乳头或仔猪双颊。

2. 断尾　用于育肥的仔猪出生后，为了预防育肥期间的咬尾现象，要尽可能早地断尾，一般可与剪犬齿同时进行。方法是用消毒后的铁钳子剪去仔猪尾巴的1/3（约2.5cm长），然后在创口处涂上碘酒，防止感染。注意防止流血不止和并发症。

3. 打耳号　对预留的后备种猪逐头打耳号，每头仔猪1个号；对准备作为商品猪的仔猪逐头按窝打耳号，每窝1个号，同窝同号，将来根据耳号即可查到出生日期和父母代，便于考察育肥猪的生长发育情况。

4. 固定乳头、及早吃上并吃足初乳

（1）固定乳头　固定乳头是为了使仔猪有秩序地吮乳。固定乳头的基本原则是一头仔猪只能专吃一个乳头；为使全窝仔猪发育整齐，宜将体大强壮的仔猪固定在后边奶少的乳头（体大仔猪按摩乳房有力，能增加泌乳量），将体小较弱的仔猪固定在前边奶水多的乳头，以弥补其先天不足。为了保证母猪所有乳房都能受到哺乳刺激而充分发育，只要母猪体力、表情正常，则其所有的有效乳头都尽量不留空（没有仔猪吃奶的乳房，其乳腺即萎缩），如果仔猪头数不够，可以从其他窝并入。

（2）及早吃上并吃足初乳　保证仔猪出生0.5~1h内（最迟不超过2h）吃上初乳。母猪产后3~5d分泌的乳汁为初乳，哺乳一周后的乳汁为常乳，二者在化学成分上有很大区别。仔猪出生后一个月内，主要从母猪乳中获得各种营养物质和抗体。初乳中蛋白质含量特别高，并含有大量的白蛋白和球蛋白，而脂肪含量却很低，能满足仔猪生长对于蛋白质的需要，且符合初生仔猪消化能力差、不易消化大量脂肪的特点。初乳还含有磷脂、酶和激素，特别是免疫球蛋白，是哺乳仔猪不可缺少的营养物质，它可增强仔猪的体质、抗病能力和对环境的适应能力。此外，初乳中含有较多的镁盐，具有轻泻性，能促进胎粪排出；初乳的酸度高，可促进消化道活动；初乳还含有加速肠道发育所必需的未知的肠生长因子，使仔猪在出生后24h内肠生长速度提高30%左右。因而仔猪在生后立即吃足初乳，具有诸多好处。新生仔猪肠道内有胞饮功能，肠道上皮可原封不动地将初乳蛋白吸收到细胞内部，再运送到淋巴和血液中去，供仔猪吸收。随着仔猪肠道的发育，上皮的渗透性发生变化，对蛋白的吸收也随

之改变。在生后 3h 以内，肠道上皮对抗体（γ-球蛋白）吸收能力为 100％，3～9h 则为 50％，9～12h 后下降为 5％～10％，36h 即停止作用。

5. 防寒保温

（1）仔猪自身供热机能　仔猪的体温调节功能从出生的第 9 天起才开始逐步完善，20 日龄时才接近完善，寒冷可导致仔猪变得不活跃，食欲减退，不愿去吃初乳，从而使仔猪免疫能力下降，导致疾病发生，所以做好仔猪的保温防寒工作，是提高仔猪成活率的一大保障。新生仔猪需要热量多，而出生 24h 内的仔猪基本不能利用乳脂肪和乳蛋白氧化供热，主要热源是靠分解体内储备的糖原和母乳中的乳糖。在气温较高的条件下，仔猪出生 24h 后氧化脂肪供热的能力才加强；而在寒冷环境（5℃）下，仔猪需要在出生 60h 后才能有效地利用乳脂肪氧化供热。

（2）哺乳仔猪的适宜温度　不同日龄仔猪最适宜温度为：1～3 日龄，30～32℃；4～7 日龄，28～30℃；8～15 日龄，25～27℃；16～27 日龄，22～24℃；28～35 日龄，20～22℃；相对湿度以 60％～75％为宜。

（3）措施　母猪分娩舍要堵住栏舍进风口，阻断穿堂风袭击母猪和仔猪，可采取塑料薄膜隔开长走廊和腰墙，还可以用塑料薄膜在屋脊下建"棚中棚"，创造环境条件以保温。母猪栏铺上软稻草或木板垫。仔猪补料保温间或仔猪保温箱里铺上软稻草、干木屑或麻袋；在保温箱内安装 1 盏 250W 或 2 盏 100W 灯泡或红外线保温灯，通过灯的位置高低和开关来调节合适的温度；条件好的场所可安装电热恒温保温板（板面温度 26～32℃，可调节）。

（4）注意事项　在保温过程中，饲养员要经常观看保温箱的温度计，观察仔猪的状态，如互相堆挤、集中于保温灯下，说明保温房内温度不够，要把保温灯放低些；如仔猪远离而分散在保温箱的四周，则说明温度过高，应把保温灯升高些。

6. 选择性寄养　母猪产仔多，奶水不足或母猪产仔过少需要并窝时，最好采用寄养的方法来解决。在高度集中产仔的猪场，为了使每窝仔猪均匀发育，常将同时产的几窝仔猪按体重大小顺序混合重新编组，分别寄养给几头母猪哺乳，使得每头母猪有效乳头占满，不留空位。

7. 防止踩压　统计数据表明，7 日龄以内仔猪死亡率占整个哺乳期死亡的50％～70％，而哺乳期因压死占总数的 40％～50％，可见初生仔猪防踩压是至关重要的。因此应在母猪栏内设保育箱，即仔猪补温间或仔猪保温箱。仔猪出生后即放入保育箱内休息，定期放出哺乳，一般每隔 1～1.5h 哺乳一次，仔猪通过 2～3d 训练，即可养成自由进出保育箱的习惯，这是最有效、最简单的办法。

8. 仔猪补铁　初生仔猪体内铁的贮存量很少，每 1kg 体重约为 35mg，仔猪每天生长需要铁 7mg，而母乳中提供的铁只是仔猪需要量的 1/10，若不给仔猪补铁，仔猪体内贮存的铁将很快消耗殆尽。给母猪饲料中补铁不能增加母乳中铁的含量，仔猪出生后 4～5d，为了防止仔猪发生缺铁性贫血，应及时为仔猪补铁。补铁的方法很多，目前最有效的方法是给仔猪肌内注射铁制剂，如培亚铁针剂、右旋糖酐铁注射液、牲血素等，一般在仔猪 3 日龄注射 100～150mg。

9. 仔猪补硒　严重缺硒地区，仔猪可能发生缺硒性腹泻、肝脏坏死和白肌病，宜于生后 3d 内注射 0.1% 的亚硒酸钠、维生素 E 合剂，每头 0.5mL，10 日龄补第二针。

10. 仔猪饮水　仔猪生长迅速，代谢旺盛，需水量较多，因此从 3 日龄开始，必须供给清洁的饮水。应设置饮水槽，也可在每升水中加葡萄糖 20g、碳酸氢钠 2g、维生素 C 0.06g。

11. 小公猪去势　去势就是将非种用公猪的两个睾丸摘除。最适宜的去势时间是 10～20 日龄，也可以在 7～10 日龄进行。此阶段仔猪小，容易操作；手术后出血较少；有母源抗体的保护，容易恢复。去势要使用已消毒、锐利的手术刀片，去势前后要用 3%～5% 碘酒和灭菌结晶磺胺对手术部位进行消毒。

12. 防疫灭病措施　为了预防新生仔猪白痢的发生，可在吃初乳之前口服如下药物（任意一种即可）：增效磺胺甲氧嘧注射液，规格 5×10mL，第一次吃初乳之前口腔滴服 0.5mL，以后每天 2 次，连续 3d；硫酸庆大霉素，每支 2mL，8 万 U，第一次吃初乳前口腔滴服 1 万 U，每天 2 次，连续 3d。1～3 日龄每天早晚各滴服 1 次微生态制剂，调整胃肠道菌群，防止腹泻的发生。市面常用微生态制剂有调痢生、促菌生等，可按说明书剂量加水适量进行稀释，滴适量于仔猪舌根部；4 日龄鼻腔滴注猪伪狂犬病疫苗；20～25 日龄对仔猪进行猪瘟疫苗首次免疫。

13. 仔猪最佳的断奶时期　母猪产仔后，子宫复旧的时间为 24d 左右，完全恢复则需要 35d。研究证明，仔猪 3～5 周龄断奶较为有利，过早断奶会造成母猪繁殖障碍。确山黑猪仔猪采用 4～5 周龄断奶。对早期断奶仔猪，应供

给相应的全价日粮，饲养于清洁、干燥、温暖的猪舍中，以促进仔猪生长，防止腹泻，减少弱猪比例，提高成活率，获得体重大、生长均匀的仔猪。断奶可采用一次断奶法、分批断奶法和逐渐断奶法。

第二节　保育猪的饲养管理

在猪场的生产中，仔猪保育是一个非常重要环节，保育阶段是仔猪一生中独立生活的开始，是集适应、转换、发育为一体的时期。仔猪在保育阶段快速、健康成长，为猪场疫病的控制、经济效益的改善、育肥期良好的生长，奠定坚实的基础。

一、仔猪断奶的准备

在正常情况下，产房的哺乳仔猪一般在 28～35 日龄断奶（体重 6～8kg，该数据因猪场不同而不同），转群到保育舍。仔猪断奶是一生中最大的应激，一方面是心理应激，母子分离心理上失去了依靠；另一方面是环境应激，由产房变为保育舍。同时伴随着饲喂方式、温度、密度及饲养管理等诸多方面的改变。因此，应尽量创造出与之相适宜的生活环境，这样才能降低断奶应激给仔猪生长带来的影响。

1. 母子分离　采用"母走子留"方法，即在断奶时将母猪先转出产房，仔猪在产房继续饲喂 5～7d 后转入保育高床，这样虽然仔猪失去了母猪的保护，但还是处于一个熟悉的环境，其营养获得的方式、人员的管理、温度湿度、饲养密度等没有改变，可以有效降低母子分离所带来的应激。

2. 温、湿度　在转群前一天，确保保育圈舍的温度、湿度和产房一致，降低环境对仔猪的应激。保育舍进猪前要升温，比仔猪在产房后期的温度高 1～2℃，将保育舍的温度提前升至 28℃，相对湿度控制在 65% 左右，这对于保证仔猪顺利渡过"断奶关"非常重要。

3. 早期控料　在母猪离开产房后的 5～7d，仔猪的饲喂应做到减料、定量和分餐。由原来的自由采食教槽料改为减量饲喂，饲料的减少量约为自由采食阶段采食量的 15%。秉承少量多餐的原则，每次不用添加过多饲料，保证略微不足为好。一日的饲喂餐数控制在七八餐为宜。因为仔猪离开母猪后，会伴随不安、烦躁等情绪找寻母猪，断奶后 1～2d 的采食量会明显降低，而由于饥饿难耐，又会在 2d 过后暴饮暴食，造成仔猪消化不良，引起腹泻，因此在转群至保育舍的第 1 周，应继续饲喂仔猪教槽料，以降低饲料的改变而带来的应激。

4. 饲养密度　饲养密度一般以每头猪所占猪栏或所占猪舍面积来表示，每头保育仔猪确保有 0.4m² 全漏粪地板的生活面积。饲养密度的大小直接影响猪舍温度、湿度、通风、有害气体和尘埃微生物的含量，也影响猪的采食、饮水、排泄、活动、休息等行为。密度过大，会增加猪的咬斗次数，休息时间和采食量都会减少，尤其是夏季，会使气流降低，局部环境温度升高，影响采食量，造成日增重和饲料利用率下降，易发疾病。密度过小，也会使仔猪失去群居习性，造成设施设备浪费。

5. 仔猪饮水　猪群的饮水量和采食量成正相关，对刚转入保育舍的仔猪，通过调整饮水器的设置，让其自然地滴一部分水，可便于仔猪快速找到水源。提高仔猪的饮水量，可以从饮水器的选择、安装、数量以及水流等方面来进行管理和控制。猪场中饮水器安装的最佳位置，以保证每头仔猪都能饮用到足够的水为宜，即保育舍中饮水器安装的高度与圈舍中最弱仔猪的肩部高度一致，且保证饮水处通达透亮，便于仔猪寻找水源。为避免仔猪竞争性缺水，要求每窝 10 头仔猪的圈舍应安装 2 个以上饮水器。

二、保育仔猪的饲喂方式

1. 人工饲喂　应根据料槽内是否有剩料及其量的多少来决定喂料量。在饲喂前先看料槽内饲料的量，如果槽内剩少许饲料，说明上次喂料量适中；如果槽内比较干净，说明上次喂料量不足，本次应增加投料量；如果槽中剩余饲料较多，说明上次喂量太多，本次应减量。在此阶段做到少喂勤添，一昼夜喂 6～8 次。

2. 自由采食　通过自由采食，可获得仔猪的最快生长速度。根据仔猪的日龄及采食量的增加，调整料箱出料口径的大小，满足仔猪的采食需求，以获得最佳的饲料转化效率。

三、初入保育舍的管理要点

1. 饲喂　在产房仔猪补料时，采用人工添加饲料，而自由采食后，小猪刚开始不会去拱料筒或者出料口的挡杆，因此需要饲养员及时引导仔猪转动料筒或者挡杆。

2. 饮水　仔猪转入保育舍时，饲养员需要对饮水器进行放水，放掉饮水器内集留的脏水和引导仔猪去饮水，同时也可以检查饮水器是否工作正常。

3. 分群　在仔猪转群时，需要对仔猪按照性别、体重、大小进行分群，以减少因不平等的竞争而造成弱仔猪的出现，提高仔猪均匀度。10d 后，对于栏里面个别较弱的仔猪还需要进行调栏。在分群时，可将该批次较弱的仔猪放在该保育舍中间的栏位，使它们处在温度比较稳定的环境，利于生长。

4. 调教　仔猪转群时，需要对其进行食、睡、排泄三点定位训练，以便于日后的饲养管理。在仔猪排泄的地方洒水或者把仔猪刚排的粪便集中在排泄区，都是行之有效的方法。

四、保育舍的饲养管理要点

1. 饲料添加　仔猪转群至保育舍的第 1 周继续饲喂教槽料。一周后用 3～5d 按一定比例过渡为保育前期料。为满足仔猪的采食需求，在饲喂过程中要根据仔猪的日龄变化调整饲料供给量。

2. 温度、湿度与通风　在仔猪转至保育舍的一周内，温度必须控制在 28℃，随后以周为单位，逐步每周降低 1℃，断奶后 4～5 周，将温度控制在 22～24℃，相对湿度控制在 65% 左右。保证圈舍内的空气质量，必须进行有效的通风，根据仔猪的日龄、圈舍内空气质量（氨气味大小）和环境温度进行调整。

3. 日常管理　在保育猪的饲养管理过程中，圈舍的干燥比卫生重要，卫生又比消毒重要。保育舍的相对湿度控制在 60%～75% 较为适宜，同时保证栏舍的地面干燥，将猪舍内粪便清扫干净即可，无需冲栏，对猪群每周进行一次消毒。在每日巡视工作中发现体况消瘦、皮毛杂乱无光、嗜睡、食欲不振、眼窝深陷、精神萎靡、腹泻、腿病、胀气的仔猪必须进行隔离，并及时治疗。要求饲养员每日对保育床面上的粪便进行彻底清理，做好饲料消耗记录，对猪群的免疫及猪只的治疗情况也需要记录在案。

保育猪容易受到疾病的威胁，因此保育舍必须保证高标准的卫生条件，采用全进全出的饲养管理方式，做到对圈舍进行彻底、有效的清洗和消毒，达到控制疾病的目的，通过对生产中的关键点进行把控，保育仔猪的生长性能将会得到较好的改善。

第三节　确山黑猪种公猪的饲养管理

常言道："母猪好，好一窝；公猪好，好一坡"，确山黑猪种公猪在猪群繁殖过程中更是起着重要的作用，所以要做好种公猪的饲养管理。

公猪天生好斗，所以种公猪都是单圈饲养。一般饲养在阳光充足、通风干燥的圈舍里，每头种公猪的占地面积为 6～7m²。

确山黑猪耐粗饲，习惯以粗饲料为食，对于干草、秸秆等粗饲料的消化能力非常强，所以在种公猪的饲养过程中，可以采用粗饲料和精饲料搭配的方法来饲喂。常用饲料配方为：玉米 30%、豆粕 15%、鱼粉 5%、麸皮 15%、米糠 4.5%、食盐 0.5%、草粉 30%。种公猪每天可以饲喂 2.5～3kg/头，早晚各喂一次。

为了防止种公猪过肥，在每个圈舍的外面设置有运动场，天气暖和时，赶到运动场运动，能使种公猪体质健壮、精神活泼、增加食欲、提高性欲和精子活力。另外，还可以把种公猪驱赶到草地上放牧，任其自由采食多汁的青草料，既能提高公猪活动量和免疫力，同时也可以提高精子质量。

确山黑猪的配种方式主要采用自然交配和人工授精相结合的形式。自然交配方式配种时，把种公猪和种母猪驱赶到远离猪舍、安静清洁的地方，自然交配。人工授精时，需要定期对种公猪进行精液品质检查，并进行评定，配种时注意家系间的亲缘关系，避免近亲交配。

第四节　确山黑猪种母猪的饲养管理

确山黑猪种母猪的特点是繁殖力强，主要体现在发情明显，哺育能力强，产仔数多（平均每窝 12 头以上）、乳头粗，母性强（8～9 对乳头），利用年限长（可连续利用 7～8 年），性格温驯。主要以群养为主，每 3～5 头确山黑猪母猪饲养在同一个圈里。

一、后备母猪的饲养管理

（一）后备母猪的选育

后备母猪的选育要求符合确山黑猪基本体型特征和外貌；机体发育良好；

有效乳头数在 8 对以上，而且排列整齐、均匀，无肉乳房、无瞎乳头，性情温驯、不挑食。

（二）后备母猪的饲养

后备母猪的饲养不同于育肥猪，需要根据后备母猪不同生长发育阶段适当调整配方和饲喂量。后备母猪在体重 70kg 之前，实行自由采食的饲喂方式，每千克饲料应含消化能 12MJ，粗蛋白质 16%～18%。在 70kg 之后，根据后备母猪的膘情，实行自由采食与限制饲喂相结合的饲喂方法，避免后备母猪过肥而在妊娠后对胎儿的生长发育造成影响。在后备母猪配种前 10～14 天，实行短期优饲的方法，可提高母猪的排卵数和受胎率。

（三）后备母猪的配种

确山黑猪后备母猪适宜的初配年龄在 6～7 月龄。后备母猪初次配种时，发情次数应达到 2～3 次。对发情不明显的后备母猪可采用每天早晚各与公猪接触一次的方法，接触时间为 15min；同时，也可通过饲喂优质饲料、增加营养的方法刺激发情。对于始终不发情的后备母猪要及时淘汰处理。

二、妊娠母猪的饲养管理

（一）发情特征

确山黑猪母猪的发情特征较为明显，主要表现为阴户红肿，有黏液流出；躁动不安，食欲减退；嗅闻同栏母猪阴户，爬跨其他母猪或接受其他母猪爬跨；按压背部，翘尾不动，出现"静立反射"。

（二）妊娠母猪的饲养

确山黑猪种母猪的妊娠期为 114d 左右。在妊娠前期，即孕期的前 80d，在饲料搭配上可以多添加粗饲料。饲料配方为：玉米 30%、米糠 28%、豆粕 11.5%、食盐 0.5%、草粉 30%，每头妊娠母猪的饲喂量是 2kg/d，上、下午各喂 1 次。妊娠后期，即妊娠 80d 以后，是胎儿增重的关键时期，5d 内逐步降低草粉的用量，饲料的配方为：玉米 40%、米糠 28%、豆粕 11%、豆粉 3%、粗糠 10%、鱼粉 6%、贝壳粉 1.5%、食盐 0.5%，每天每头母猪的饲料总量为 3～4kg。

（三）妊娠母猪的管理要点

1. 单圈饲养　妊娠母猪进行单圈饲养，防止母猪打架、跌倒，禁止鞭打和惊吓母猪。

2. 环境卫生　保持圈舍的清洁卫生，做好圈舍粪尿及时清理和定期消毒工作；保证地面干燥，尽量降低圈内湿度，控制舍内温度，做好防寒防暑工作，适宜温度为 16～22℃；提供安静舒适的生活环境，尽可能减少各种噪声。

3. 适当运动　适当的运动有利于增强体质，促进血液循环，有利于胎儿的发育，降低难产率。在产前 7～10d，则应停止运动。

三、分娩和哺乳母猪的饲养管理

母猪分娩后，生殖器官发生了剧烈的变化，机体的抵抗力和免疫力处于最弱阶段，同时，机体消化能力和采食量也会降低。因此，加强哺乳母猪的饲养管理不仅影响仔猪的成活率和断奶体重，而且对母猪下次繁殖性能也有显著影响。

（一）分娩母猪的饲养管理

1. 产前饲养　母猪在产前 5d，应逐日减少饲喂量，分娩当日应保证充足饮水。

2. 产前准备　母猪分娩前准备好卫生消毒及接产工具等物品。夏天注意防暑降温，冬天做好仔猪保温准备工作。

3. 产后饲养　母猪分娩后 2～3d 内体质较为虚弱，代谢机能较差，在分娩后第 2 天逐渐加料，喂以温水＋少量麦麸＋食盐，5d 后自由采食，适当补充青绿多汁饲料。

4. 产后护理　母猪分娩后 1 周内应留心观察母猪的采食和体温变化，促进恶露排出，防止乳房炎的发生。

（二）哺乳母猪的饲养管理

1. 精准饲喂　根据每头母猪的哺乳仔猪数，合理增加或减少饲喂量。对于采食量偏低的母猪，可在饲料中添加 2％～3％的油脂，以保证泌乳充足。

2. 保护母猪的乳房和乳头　对于初产母猪应保证所有乳头均匀利用，防治未被利用的乳头萎缩。同时，应经常用温水擦洗乳房，这样既清洁乳房，又对母猪产生良好的刺激。

3. 环境卫生　保持产房干燥、卫生、安静，让母猪有充足的时间休息。

4. 适当运动　哺乳期母猪 75% 时间处于卧息状态，应每日定时让母猪运动，以促进体质健壮和提高泌乳力。

第五节　确山黑猪猪群及人员管理

猪群的组成直接影响猪只生产性能和健康水平。在实际生产中，必须综合进场猪只来源、品种、性别、大小、生长发育状况和健康水平等组建和调整各类猪群。

一、猪群组织原则

（1）引进猪只必须经过隔离饲养、观察、检疫确认无病，且与本场猪有同等健康水平后方可入群。

（2）同群猪必须确认生长发育正常、健康水平一致。

（3）同群猪应性别一致，大小（体重和年龄）基本一致。

二、各种类型猪的群体规模参数

各种类型猪的群体规模参数见表 6-1。

表 6-1　猪群体规模参数

5～23kg	23～100kg	后备母猪	配种母猪	妊娠母猪	公猪
40～50 头	25～50 头	10～15 头	5～6 头	5～12 头	1 头

三、工作人员的管理

1. 饲养员素质的管理　饲养员应能及时发现猪的需要，常常观察、聆听、嗅闻、"感觉"和爱抚猪只，能熟练操作和维护猪舍设备，经常观察和及时调控环境，知道怎样照料、驱赶、混群、装运猪只和熟练地进行生产操作而尽量减少猪只的应激；能准确、清楚和及时填写和上报各种生产报表等；懂养殖技术、有责任感，对工作认真负责。一个优秀的饲养员是猪场生产力的重要因素，为充分发挥生产潜能，达到理想生产目标，应采取"送出去"和"请进来"的方式加强培训，要通过以老带新、技术讲座等形式循序渐进地培养和储备大批合格的、业务能力强的优秀饲养人员。

2. 兽医技术员资质管理　兽医技术人员是指从事生物安全控制的工作人员，要求具有动物疫病防控相关专业的知识水平，操作技能娴熟，具有独立制定和实施猪场动物疫病防控计划的能力。在本场工作期间，严禁兼任其他养殖场（户）的动物疫病防控工作，严禁从事畜产品（特别是猪肉产品）的贩卖工作，避免以任何形式将场外不安全的生物因素带入本场。

3. 其他人员的管理　猪场管理人员、访客及各种推销人员原则上禁止进入养殖区，特别是药品、饲料推销人员。饲料车、运猪车司机严禁进入养殖区，畜牧兽医相关的专家和学习人员因业务需要进场时，必须严格执行沐浴、更衣、换鞋等程序。

第七章
疫 病 防 控

第一节　生物安全

　　近年来，随着养猪业的规模化、集约化程度不断提高，猪场大多采用高密度饲养方式，兽医卫生管理面临着极大的挑战。兽医卫生监督管理直接关系到猪场的生物安全。猪群的健康程度、免疫水平是猪场兽医卫生管理的重要内容，也是猪场生产、经营成败的重要因素。要提高种猪的生产繁殖性能，缩短养殖周期，提高育成率，降低猪场生产成本，就必须严格遵守猪场兽医卫生管理制度，建立科学的猪场生物安全体系，使猪场中每一头猪都保持良好的健康状况，在生物安全体系可控的大环境下健康成长。

一、生物安全控制

（一）猪场建设位置

　　猪场应避免建于交通要道，特别是常有运猪车或运载死猪的车辆必经的要道旁。

（二）猪场防护设备的设置

　　1. 围墙或防护栏　猪场必须有围墙或防护栏，以避免因人或动物带入病原。猪场内办公区、养殖区应有隔离墙，严格控制非相关人员进入相应的生产区域。

　　2. 隔离舍与待售猪舍　猪场应设有隔离舍，以供新引进猪只隔离之用。

位置应设在猪场边缘临近办公区。隔离舍与待售舍可合用。

3. 运猪台的建设与消毒 运猪台设于场区边缘并邻近办公区，严禁运猪车进入养猪区装卸猪只，及时做好消毒工作。

4. 饲料仓库或饲料贮存塔 饲料运输车无需进入养猪区。位置应设在猪场边缘临近办公区。

（三）工作人员和非工作人员生物安全管理制度

1. 工作人员 工作人员包括饲养员、兽医技术员和管理人员，猪场中一切从事养殖和生物安全控制及从事管理的工作人员，严禁兼任其他牧场或养殖场（户）的饲养、管理和生物安全控制工作，严禁从事畜产品（特别是猪肉产品）的贩卖工作，避免以任何形式将场外不安全的生物因素带入本场。而且每次进入生产区都应按照消毒程序进行严格消毒。

2. 非工作人员 指访客、各种推销人员和司机。原则上禁止一切访客进入养殖区，特别是药品、饲料推销人员、专家和学习培训人员进场，饲料车司机原则上严禁进入养殖区，如确因业务需要必须进场者，应严格执行沐浴、更衣、换鞋等消毒程序。

（四）运输车辆

运猪车和屠宰场车辆司机严禁进入养猪区。访客乘坐的车辆、饲料车必要时应严格执行进入养猪区的消毒程序。

（五）动物管制

1. 野生动物及鼠类 猪场应尽力捕捉、捕杀养殖期内的野生动物和鼠类，避免传入或传播疾病。每年定期（每月或每季度一次）施放毒饵。

2. 野生鸟类 鸟类已被证实可携带和传播猪传染性胃肠炎、猪伪狂犬病、猪繁殖与呼吸综合征等多种病毒病，应尽量避免饲料、粮食散失在道路和地面的情况，以减少活鸟类进入场区的概率。

3. 家养的犬、猫 猪场严禁饲养犬、猫，必须饲养时，应限制其活动范围，防止它们进入养猪区。

4. 其他家畜、家禽 猪场内严禁饲养其他家畜和家禽，严禁一切外部的家畜、家禽进入猪场，特别是猪场养猪区。

（六）检疫及隔离

所有的病猪都必须及时隔离以防止传染，猪只发现患烈性传染病或患病后隔离效果不佳时应迅速扑杀，以免疾病扩散。发育不良的猪只常常是带毒或保毒猪，每批应进行彻底清理。

二、场区防疫

1. 工作人员消毒程序　工作人员进入养殖区前应在更衣消毒室更换工作服、胶鞋，经过脚浴、喷雾和洗手消毒。

2. 外来人员入场消毒程序　猪场大门口应设置人员踏脚消毒池、喷雾消毒系统和洗手消毒设备，所有外来入场人员每次入场前均需经过换鞋并消毒后才能进场。

3. 运输车辆的消毒制度　猪场应配备车辆消毒池和车辆喷雾消毒设施，对所有进入猪场的车辆进行全面消毒。车辆消毒池长度为车长的1.5倍，深度为30～35cm。经常检查车辆喷雾消毒设备的运转情况，发现问题及时检修。

4. 车辆的安全管理

（1）运猪车　场内转猪车每次转猪前严格消毒，每次转猪后彻底清洗和消毒。外来运猪车进场时立即彻底消毒，消毒1h后方可装猪，原则上严禁饲养人员接触外来运猪车，必要时，应更换鞋帽和经过严格消毒才能进入养猪区。

（2）饲料车　原则上不准进入养猪区，必要时每次进入都必须严格消毒，并于消毒1h后进入。

5. 发生疫病时划定疫区　场区有猪群发生传染病时，应根据疫病种类、发生情况等及时划定疫区，限制猪群移动，加强消毒，限制疫区工作人员进出，防止疫病扩散，然后选择使用疫苗、血清或药物治疗控制损失。

三、场区消毒

（一）猪场清洁工作

猪舍外的道路每周定时打扫，经常保持洁净。每天及时清除栏舍粪便和废弃物（胎衣、死仔、药盒等）。每周1～2次彻底打扫猪栏、窗台、梁柱、风扇、水帘等，除去灰尘和蜘蛛网。猪舍空出后彻底清洁，扫除屋顶梁柱、墙壁上的蛛网、尘埃，铲除地面、墙体上的粪便和料槽剩料。地面及 1.0～1.1m 高的墙壁、猪栏先泼水浸泡 2～3h，然后用高压冲洗机以 150kg/cm² 高压冲洗干净。保持排污沟通畅，猪舍外栽种花木、蔬菜或青饲料，防止杂草滋生和减少臭味。

(二) 日常消毒工作

(1) 猪场和售猪台人员出入口设消毒池，加入 3％氢氧化钠溶液，水深 2～3cm，4d 更换一次。车辆入场和到达售猪台前必须冲洗干净，并用阳离子表面活性消毒剂消毒。运猪车装猪，必须在消毒 1～2h 之后进行。

(2) 猪舍空栏时，先将地面、猪栏及用具等以清水冲洗干净，然后用 3％氢氧化钠溶液喷淋，至少 2h 后再清洗冲净，待栏舍及猪栏干燥后，再用阳离子表面活性消毒剂喷雾消毒或火焰消毒一次。每周带猪喷雾消毒 1～2 次，每季度带猪彻底清洗喷雾消毒一次。每周消毒前应将粪、尿清扫干净。每季度消毒时，猪体、猪床、地面、用具应事先清洁干净。消毒药用阳离子表面活性消毒剂，配比参照产品说明书。

(3) 手术器械和接产用具，每次使用后必须清洗干净并消毒；使用时浸泡在阳离子表面活性消毒剂溶液中，以确保无菌操作。注射用针头、针管每次使用前必须经过蒸煮，使用后必须清洗干净。猪只伤口和手术创口应立即清理并用碘酒消毒。

(4) 猪只运动场每年装表土深 30cm，清出石块、玻璃等杂物，然后按每平方米浇泼 1L 生石灰水，平整后再按上述量泼洒一次石灰水。

(5) 所有人员进场和进入猪舍时，都必须先更换场内专用衣帽和胶鞋，用肥皂洗手，然后让手在阳离子表面活性消毒液中浸泡 20s，胶鞋踏消毒槽（盆）中（含 3％氢氧化钠溶液）消毒 20s，不准串栏。

(6) 病死猪躺卧和剖检的地方清理后立即消毒（必要时先用氢氧化钠，再用一次阳离子表面活性消毒剂），死猪投放地每天消毒，焚尸坑定期投放消毒药。

(三) 疾病发生时的消毒处理

人员进场和空栏消毒履行日常消毒措施；养猪的栏舍每周喷雾消毒至少 3 次，病猪舍一切用具、器械不得转用于健康猪舍；病猪舍一切废弃物能燃烧者应焚毁，不可燃者浸入 3％氢氧化钠溶液中一昼夜后丢弃在规定的地方；发病

猪集中加以隔离，增加消毒次数，隔离区猪舍（栏）在猪只移出后立即高压冲洗干净，加强消毒，并于规定的空栏时间后进猪。

（四）病原体对消毒剂的抵抗力

最强毒力的病原需要使用特定的消毒剂，强毒及中等毒力病原一般消毒剂均可，弱毒病原经过发酵和日光即可被杀灭。但由于猪场高密度饲养，空气中病原未死亡前仍有机会感染其他猪只，因此需要进行喷雾消毒，以降低空气中病原量。

（五）消毒剂的选择

选择消毒剂的要求：效力强，效果广泛，生效快且作用持久，不易受有机物和盐类影响，渗透性强，不易受酸碱度的影响，可消毒污物并抑臭，毒性低又不污染环境，刺激性小，腐蚀性小，对人体的毒性低，价格便宜。一般来讲，没有一种消毒剂能同时满足上述所有要求，故需选用数种消毒剂，在不同场合使用，同时注意猪场应轮流使用不同的消毒剂以杀灭各种病原。

（六）使用消毒剂注意事项

1. 充分了解各种消毒剂的特性　毒性低者方可用于猪体消毒和喷雾消毒，腐蚀性强的（如氢氧化钠溶液，漂白粉溶液）不宜用于器械消毒等。

2. 制订消毒计划　综合考虑季节、天气、消毒对象、消毒场合等制订消毒计划并切实执行。

3. 改善栏舍条件，维护消毒设备　栏舍地面的破损要经常维修，以防止污物清理不干净而降低消毒效果。消毒设备要经常进行检查。

4. 猪舍消毒　猪场最好采用全进全出的方式。猪舍消毒后消毒药要清洗干净，未清洗干净时，可考虑使用氢氧化钠、石炭酸、生石灰等消毒，而不可使用阳离子表面活性消毒剂。

5. 正确稀释　在综合考虑消毒对象、场合和消毒剂特性的情况下，按消毒剂最佳配比稀释，稀释时应搅拌均匀。浓度过高会增加刺激性和毒性，同时造成浪费；浓度太低又不能达到预期的效果。

6. 不可混用消毒剂　同时混合使用多种消毒剂会因消毒剂酸碱度和药物成分之间互相影响而降低消毒效果。如需使用多种消毒剂时，应先单独使用一种，一定时间后冲洗干净，等数天后再使用另一种消毒剂。

7. 轮换使用消毒剂　长期使用一种消毒剂可能会因为其杀灭病原范围的限制，而使一些不能被杀灭的病原大量增殖而引起疫病。

消毒只是检疫、免疫、药物控制及卫生管理这一防疫体系的一个环节，在切实做好消毒工作的同时，其他防疫措施亦不可偏废。

（七）常用消毒剂

目前消毒剂的种类很多，常用的消毒剂一般分为 8 类：碱类、酚类、醛类、季铵盐类、酸类、卤素类、醇类和氧化剂。在进行消毒时，要根据消毒剂的种类和消毒对象，采用不同的消毒方法，如对猪舍环境消毒适用喷洒、熏蒸消毒法，而对于部分器械消毒适用浸泡的方法。

四、猪群的免疫

1. 免疫程序的制订　根据在场猪群的健康状况、猪场周边疫情情况、猪场的生产模式、各种疫苗的免疫特点和疫病流行特点等，确定接种疫苗的种类、次数、剂量、时间间隔和猪群类别等。

2. 疫苗的选用原则　活苗应返强可能性小，基因苗应重组可能性小，疫苗注射时应激应小。保证疫苗的有效性、针对性和经济性。

3. 注意事项

（1）选用优质而不仅仅是便宜的疫苗，按疫苗的使用要求进行保管（每天应对保温箱高低温度进行记录）、运输和稀释；确保有效的注射剂量；疫苗稀释后应尽快用完（一般不超过 1h），用不完的要无害化处理。

（2）所用针头、器械要认真消毒，最好一猪一针头（仔猪或同一栏育肥猪可共用同一针头）。针头长度应根据猪体重进行选择（表 7-1）。

表 7-1　肌内注射要求的针头长度

猪体重（kg）	针头长（mm）	针头型号
<10	12~18	20~21
10~30	18~25	18~19
30~100	25~30	18
>100	38~44	18

（3）细菌苗注射后至少 1 周禁用抗生素；用完的疫苗瓶集中处理，不得乱丢乱放。

（4）只对健康猪免疫，配合管理措施，杜绝猪只漏注；进行三次免疫抗体检测，及时发现和纠正免疫工作的失误。

4. 免疫问题的处理　抗体过高会对疫苗作用产生中和抑制，应加大免疫剂量和推迟免疫时间。免疫功能不完善时，可采取反复多次注射的方法；疫苗注射过敏时，按每 50kg 体重注射 0.5～1mL 肾上腺素。

五、猪群的驱虫

（一）体内寄生虫的防治

因猪场猪只集约化饲养在水泥地面上，患体内寄生虫病的概率很小，主要以蛔虫和鞭虫为主，防治应从卫生管理和用药两方面同时着手，综合考虑寄生虫的种类、感染程度及生活环境等因素。空栏时，先清洗干净栏舍，再用强碱溶液消毒；保持地面完好，保持水沟畅通，以便栏舍残存虫卵的清除。母猪移入分娩床前彻底清洗。种猪每季度和生长育肥猪 14 周龄时，饲喂加入芬苯达唑 30mg/kg 的饲料，连用 7d。

（二）体外寄生虫防治

体外寄生虫主要是螨虫和虱，冬季种猪按每 33kg 体重注射 1mL 1% 的伊维菌素注射液 1 次；母猪移入分娩床前彻底清洗和治疗。

六、疾病的诊断

疾病的发生在猪场是不可能避免的，要对疾病进行有效的预防和治疗，准确的诊断是前提条件。诊断应由专业技术人员进行，必要时，应将病料及时送到检疫部门进行实验室确诊。

1. 临床症状观察　此法最简便，但误差也最大，一般要求诊断人员具备相当的理论知识和临床经验，细致观察，并做好详细记录。

2. 药物诊断　在临床观察和判断前提下，有针对性地使用一定的药物，以观察疗效。疗效好证明判断正确，不好则需换药或考虑其他病因。

3. 剖检　要求诊断人员具备相当经验和病理专业知识，主要通过对组织病变的观察判断疾病种类。一般经前两种方法诊断、治疗无效的猪都应进行尸体剖检。

4. 组织病理学检查　将病变组织做成切片进行显微观察，由专业人员进行。

5. 病原分离与鉴定　由专业机构进行。

6. 荧光标记抗体检查　由专业机构进行。

七、不同阶段的卫生管理

1. 配种和妊娠母猪　保持栏舍干净、干燥和料槽、水槽的清洁，做好栏舍小环境调控工作。按计划适时进行相关免疫和驱虫，按规定进行栏舍消毒。每天观察每一头猪，及时隔离治疗病猪。供给母猪适当营养，禁喂霉变料，以确保母猪和所产仔猪的抵抗力及防止流产发生。控制母猪胎次的分布，及时淘汰老弱猪只，可实施同期排卵、配种措施，以保证同批仔猪日龄差异小、疾病抵抗力趋一致。

2. 分娩母猪　分娩床应有一周的空床消毒时间，并确认已按规定消毒。分娩母猪上床前应彻底清洗和消毒，母猪产前一周上产床，此期间要认真观察采食情况和粪便形状，防止便秘引起难产。母猪产前减少喂料，多供饮水，临产母猪清洁猪体和乳房，并清理、消毒产床。观察产仔情况，及时处理难产和胎衣不下等问题。及时清理胎衣、死胎与废弃物，产后进行乳房炎、子宫炎的预防，经助产的母猪要清洗产道。按规定充分饲喂分娩母猪，保持母猪抵抗力和促进仔猪的生长发育。禁用霉变饲料，随时清理产床粪便，保持料槽、饮水器清洁，保证栏舍干净、干燥和环境安静舒适。可实施同期分娩，及时隔离、治疗和淘汰病猪。

3. 仔猪　使用的接产器必须严格消毒，接产处理的仔猪创口用碘酊彻底消毒，保证每一头仔猪吃好初乳和及时补铁。加强诱食料、补料，促进胃肠对饲料的适应，防止断奶腹泻。按计划及时实施免疫和去势。断奶猪栏舍应有一周以上空栏消毒时间并确认切实已按规定清洗消毒。仔猪断奶后前两天给予充足的含电解多维的饮水。保持栏舍干净、干燥，保证环境温度适宜和安静、舒适。按规定进行免疫和消毒，每天仔细观察猪只，及时隔离、治疗病猪和淘汰久治不愈或无治疗价值的猪只。

4. 生长育肥猪　实行全进全出，栏舍进猪前至少有一周的空栏消毒时间并确认已按规定要求进行清洗、消毒，猪只转进前两天，供应充足的含电解多维饮水，以减少应激。按计划和要求进行免疫驱虫和栏舍带猪消毒及调控环境，保持栏舍安静、卫生、干燥，每天仔细观察猪只，及时隔离、治疗病猪和淘汰无治疗价值的猪只。

5. 种公猪　种公猪单独饲养，并保证地面平整防滑。按要求对公猪进行饲喂和合理安排配种及休息。保持栏舍安静、卫生、干燥，保证环境条件舒适，特别是温度适宜。按计划和要求及时进行免疫、驱虫和日常栏舍消毒工作。小心驱赶，正确地进行采精，避免公猪生殖器官损伤。及时治疗病猪和淘汰老龄、生产力低下公猪及久治不愈的病猪。

第二节　主要传染病的防控

猪场常见传染病的防控是猪场综合防疫体系的一个重要组成部分。要做好猪场常见传染病的防控工作，必须坚持"以防为主，防治结合"的方针，努力做好日常的饲养、清洁消毒、免疫、环境调控等工作，以确保猪群有一个良好的健康状况，进而使疾病防控工作卓有成效。

一、猪场常见传染病防控的一般原则

每天仔细观察猪群，以便及时发现病猪并治疗，按兽医卫生管理要求，及时处理无治疗价值和可能引起疾病传播的病猪；群发病首先检查饲料、饮水，然后综合分析各种症状，确定疾病类型。传染病发生时，应立即按相关要求隔离、消毒、对症（或保护性）治疗病猪，同时采取适当的方法（如焚烧、深埋等）处理病死猪，有可靠疫苗的，应提前进行免疫。传染病发生早期应采取紧急免疫措施，对每一病例治疗都应选用有效的药物和制订治疗方案，并对治疗情况进行详细记录，定期汇总、分析治疗记录，以便于掌握猪场病原种类、发病规律、有效的治疗药物和预防措施等情况，为及时有效防治猪病打下基础。

二、猪常见传染病

（一）病毒性疾病

1. 猪瘟　猪瘟俗称"烂肠瘟"，是猪的一种高度传染性和致死性的传染病。其特征为高热稽留和小血管壁变性引起广泛出血、梗死和坏死等病变，病原为猪瘟病毒，猪瘟病毒对寒冷抵抗力较强，病毒在冻肉中可存活数月，但不耐热。一般常用消毒药对本病毒均有良好的杀灭作用。病初便秘，粪便常带有脱落肠黏膜和血丝，不久出现腹泻，粪便呈灰黄色、有恶臭。公猪阴鞘积尿，用手挤压后，流出混浊的灰白色恶臭液体。哺乳仔猪发病较少，主要表现为神经症状，如磨牙、痉挛、转圈运动、角弓反张或倒地抽搐等，死亡率颇高。

（1）诊断　本病只感染猪，无季节流行性，任何品种、类型、年龄的猪均易感；潜伏期 2～21d，平均 5～7d。临床上可分几种类型。

①最急性型：多流行于初期，尤在新流行区多见。表现为突然发病，高热稽留，精神沉郁，眼结膜充血，颈、腹部及四肢内侧的皮肤发绀和出血。有的呈现抽搐和痉挛，病程一般不超过 3d，病死率可高达 100％。

②急性型：最为常见。体温可升高到 41℃，呈稽留热。病猪表现寒战、困倦、行动缓慢、共济失调、拱背、头尾下垂、废食，常伏卧一隅或钻入垫草内，嗜睡。发病早期有眼结膜炎，眼角聚有脓性分泌物，将眼睑粘连。在鼻盘、嘴唇、下颌、四肢、腹下及外阴等处皮肤可见到紫红色斑点。

③慢性型：主要由急性型发展而来，常见于老疫区或流行后期的病猪。病猪主要表现消瘦、贫血、全身衰弱、步态缓慢无力，体温不稳定（可在 40～41℃之间反复）。常出现便秘与腹泻交替发生，腹泻时有的可见粪便中带有黏液和血液。体表淋巴结肿大。

④温和型：病情发展缓慢，体温在 40℃左右，呈稽留热。腹下皮肤有淤血和坏死，有时可见耳朵、尾干发绀，粪便时干时稀，食欲尚可，但食量减少。病程可达 1～2 个月，病猪瘦弱。大猪大多能耐过，但生长发育差，仔猪死亡率较高。

（2）防控　本病药物治疗无效。对病猪，尤其是种猪，可应用抗猪瘟高免血清进行治疗，对部分猪有效果，未发病猪也可用此血清作紧急预防。免疫接种是预防猪瘟的主要手段。我国研制的猪瘟兔化弱毒疫苗，一般在免疫后 3d 左右即可产生可靠的免疫力。全身皮肤、浆膜、黏膜和内脏器官有不同程度的出血，其中以淋巴结、肾脏、膀胱、脾脏、喉头、咽部最为常见。肠系膜淋巴结呈大理石样病变。胃和小肠黏膜呈出血性炎症，在大肠的回盲瓣形成特征性的纽扣状溃疡。脾肿大，脾边缘有时可见到红黑色的坏死斑块，比米粒略小，质地硬，突出于表面，即出血性梗死。妊娠母猪感染后，流产的胎儿水肿、表

皮出血和小脑发育不全。温和型猪瘟在病理变化方面比典型猪瘟轻。

2. 猪轮状病毒感染

（1）流行特点 患病的人、畜及隐性感染的带毒者都是传染源。病毒存在于肠道，随粪便排至外界，经消化道感染易感的人、畜。本病传播迅速，多发生于寒冷季节。仔猪及幼猪多发，成年猪一般为隐性感染。

（2）病理变化 病仔猪精神沉郁，食欲不振，呕吐，腹泻，粪便呈黄色或灰色，水样或糊状。病变主要限于消化道（特别是空肠和回肠），表现为肠管变薄，小肠绒毛缩短。

（3）诊断方法 根据症状与病理变化可做出初步诊断，确诊必须采集小肠样本用电镜技术、荧光抗体技术等检查。

（4）防控措施 目前对本病尚无特效治疗药物，主要靠加强饲养管理预防。疫苗尚处于研制阶段。发病猪应隔离到清洁、干燥和温暖的猪舍，加强护理，尽量减少应激因素。可给予发病猪葡萄糖盐水或复方葡萄糖溶液，用量为每千克体重口服 30～40mL，每天 2 次。

3. 口蹄疫 口蹄疫是由小核糖核酸病毒科的口蹄疫病毒引起偶蹄兽的一种急性、热性和高度接触性传染病。

（1）流行特点 猪对口蹄疫病毒特别易感，有时牛、羊等不发病，但猪可发病。猪口蹄疫多发生于秋末、冬季和早春，尤以春季达到高峰。

（2）临床症状 以蹄部水疱为特征，体温升高，全身症状明显，蹄冠、蹄叉发红，形成水疱和溃烂，有继发感染时，蹄壳可能脱落；病猪跛行，喜卧；病猪鼻盘、口腔、齿龈、舌、乳房（主要是哺乳母猪）也可见到水疱和烂斑；仔猪可因肠炎和心肌炎而死亡。

（3）鉴别诊断 注意与猪水疱病、猪水疱疹和猪水疱性口炎区别。

（4）防控方法 做好平时的预防工作。如疑为口蹄疫时，立即向上级有关部门报告疫情，并采集病料送检；对发病现场进行封锁，按上级业务部门的规定，执行严格的封锁措施，按"早、快、严、小"的原则处理；对猪舍、环境及饲养管理用具进行严格消毒；将病猪隔离，加强护理，对症治疗，促进口腔和病蹄早日康复；发病地区可用口蹄疫灭活疫苗注射，有一定预防效果。

4. 猪传染性胃肠炎

（1）流行特点 猪传染性胃肠炎是由冠状病毒属的猪传染性胃肠炎病毒引起的一种急性、高度接触性传染病。病猪和带毒猪是本病的主要传染来源。各年龄猪均可感染发病，但症状轻微，并可自然康复。本病的发生有季节性，我国多流行于冬春寒冷季节，夏季发病少，在产仔旺季发生较多。在新发病猪群，几乎全部猪只均可感染发病，在老疫区则呈地方流行性。

（2）临诊症状　发病仔猪的典型临床表现是突然呕吐，接着出现急剧的水样腹泻，粪水呈黄色、淡绿或白色。病猪迅速脱水，体重下降，精神萎靡，被毛粗乱无光。吃奶减少或停止吃奶、战栗、口渴、消瘦，于2～5d内死亡。架子猪、育肥猪及成年公母猪主要表现为食欲减退或消失，水样腹泻，粪水呈黄绿、淡灰或褐色，混有气泡；哺乳母猪主要表现为泌乳减少或停止，3～7d病情好转随即恢复，极少发生死亡。

（3）病理变化　主要病变在胃和小肠。胃内充满凝乳块，胃底黏膜充血，有时有出血点；小肠肠壁变薄，肠内充满黄绿色或灰白色液体，含有气泡和凝乳块；小肠肠系膜淋巴结充血、肿大。

（4）防控方法　目前尚无特效的药物用于治疗。停食或减食，多给清洁饮水或易消化饲料，小猪进行补液等措施，有一定作用。由于此病发病率很高，传播快，一旦发病，采取隔离、消毒等措施效果不佳。

5. 猪流行性腹泻　猪流行性腹泻是由冠状病毒属的猪流行性腹泻病毒引起的一种肠道传染病。

（1）流行特点　病猪是主要传染来源；各年龄的猪都能感染发病，有明显的季节性，主要发生于冬季，也能在夏季发生，我国以12月到翌年2月发生最多。

（2）临诊症状　病猪表现为呕吐、腹泻和脱水；粪稀如水，呈灰黄色或灰色，在采食或吮乳后发生呕吐；年龄越小，症状越重。

（3）病理变化　与猪传染性胃肠炎相似。

（4）鉴别诊断　常用方法有：①免疫荧光染色检查；②免疫电镜检查；③酶联免疫吸附试验（ELISA）；④人工感染试验。

（5）防控方法　目前尚无特效的药物用于治疗。停食或减食，多给清洁饮水或易消化饲料，小猪进行补液，添加卵黄抗体等措施，有一定作用。由于此病发病率很高，传播快，一旦发病，采取隔离、消毒等措施效果不佳。

6. 伪狂犬病　猪伪狂犬病是疱疹病毒科的伪狂犬病病毒引起家畜和野生动物的一种急性传染病。

（1）流行特点　猪、牛、羊等多种动物都可自然感染；病猪、带毒猪是主

要传染来源，通过消化道、呼吸道、伤口及配种等途径发生感染；母猪感染后，仔猪可通过吸乳而感染；妊娠母猪感染后，病毒可通过胎盘感染胎儿。多发生于冬、春季节，哺乳仔猪死亡率很高。

（2）临床症状　随猪龄不同，症状有很大差异，但都无瘙痒症状。新生仔猪及4周龄以内仔猪，常突然发病，体温升至41℃以上，病猪精神委顿，不食，呕吐或腹泻；随后可见兴奋不安，步态不稳，运动失调，全身肌肉痉挛，或倒地抽搐；有时呈不自主地的前冲、后退或转圈运动；随着病程发展，出现四肢麻痹，倒地侧卧，头向后仰，四肢乱动，最后死亡。病程1～2d，死亡率很高。妊娠母猪主要发生流产、产死胎或木乃伊胎。产出的弱胎，多在2～3d死亡。流产率可达50％。

（3）病理变化　鼻腔呈化脓性炎症，咽喉部黏膜和扁桃体水肿，并有纤维素性坏死性伪膜覆盖；肺水肿，淋巴结肿大，脑膜充血水肿，脑脊髓液增多；胃肠出血性炎症；镜检脑组织有非化脓性脑炎病变；流产胎儿的肝脏、脾脏、淋巴结及胎盘绒毛膜有凝固性坏死。

（4）诊断方法　可进行动物接种试验确诊。取病料（脑、脾脏等）制成1∶10悬液，加抗生素处理、离心，取上清液1mL皮下或肌内注射于家兔。2～3d后，家兔不断摩擦或啃咬注射部位，致使该部脱毛、皮肤出血，经1～2d后麻痹死亡；如将上述病料喂猫，2～4d后猫头部奇痒，喉头麻痹、流涎、不吃、精神委顿，24～36h死亡。

（5）防控方法　猪是重要的带毒者，购买种猪时，注意隔离观察，防止带入病原。注意灭鼠。发生本病时，扑杀病猪，消毒猪舍及环境，粪便发酵处理，必要时，给猪注射弱毒疫苗。

7. 猪繁殖与呼吸综合征　猪繁殖与呼吸综合征是一种急性、高度传染性的病毒病，感染猪群以繁殖障碍和呼吸系统症状为主要特征。

（1）流行特点　本病主要危害种猪、繁殖母猪及仔猪，育肥猪发病表现较温和。本病传染性极强，传播迅速，危害性甚大，经空气通过呼吸道感染，有人认为还可通过胎盘感染。猪移动、饲养密度过大、饲养管理及卫生条件不良、气候变化都可促进发病和流行。

（2）临床症状　病猪体温升高，食欲减少，精神不振，少数病猪耳部发绀，呈蓝紫色；妊娠母猪还可见早产、产死胎和产弱仔；仔猪出生后呼吸困难，体温升高，全身症状明显，致死率可达80％～100％；成年公猪和青年猪发病后也可出现全身症状，但较轻。

（3）防控方法　国内交换和购买种猪时，必须从无此病的种猪场引进，引种前要进行血清学检查，阴性者方可引入。发生该病时封锁发病猪场，禁止向外出售种猪，及时清洗和消毒猪舍及环境，特别要处理流产胎儿及胎衣等。对病猪进行对症治疗，改善饲养管理，加强护理，减少死亡。同时，要根据猪群实际感染情况，合理使用弱毒疫苗，避免疾病的暴发。

8. 猪细小病毒病　猪细小病毒病是由细小病毒科的猪细小病毒引起猪的繁殖障碍性传染病之一。

（1）流行特点　细小病毒可引起多种动物感染，猪细小病毒主要引起猪的繁殖障碍；不同年龄、性别的猪都可感染；本病主要发生于初产母猪；可水平传播和垂直传播，特别是购入带毒猪后，可引起暴发流行；本病具有很高的感染性，易感的健康猪群一旦有病毒传入，3个月内几乎可100％感染；感染猪只，较长时间保持血清学阳性反应。

（2）鉴别诊断　引起母猪繁殖障碍的原因很多，有传染性和非传染性两方面，传染性因素主要与猪繁殖和呼吸综合征、伪狂犬病、猪流行性乙型脑炎、布鲁氏菌病、衣原体病和弓形虫病引起的流产相区别。

（3）防控方法　本病无有效的治疗方法，主要采取预防措施。防止将带毒猪引入无本病的猪场，引进种猪时，进行猪细小病毒病的血凝抑制试验。预防可进行人工免疫接种，疫苗有灭活疫苗和弱毒疫苗两种，我国普遍使用的是灭活疫苗，初产母猪和育成公猪，在配种前一个月免疫注射。

9. 流行性乙型脑炎　病原为流行性乙型脑炎病毒。

（1）流行特点　流行性乙型脑炎病毒是一种抵抗力较弱的病毒。流行性乙型脑炎是一种人畜共患的传染病，马、牛、羊、猪、禽及人等均易感。本病以蚊为传播媒介，有明显季节性，7—9月多发。本病呈散发性，而隐性感染猪很多，在感染初期（病毒血症阶段）有传染性。猪的发病年龄多在6月龄以后。

（2）临床症状　病猪体温升高，精神沉郁，食欲减退、结膜潮红，粪便干硬，尿深黄，少部分病猪后肢轻度麻痹，关节肿痛，跛行。有的病猪有视力障碍，走动时乱撞。妊娠母猪患病后可发生流产、早产或延时分娩，胎儿多是死胎或木乃伊胎，有的仔猪出生后数天即痉挛死亡。母猪流产后不影响下一次配种。公猪除有以上症状外，常发生睾丸肿胀，多呈一侧性，以后多数病猪睾丸萎缩，丧失配种能力。

（3）病理变化　病变主要发生在脑、脊髓、睾丸和子宫。病猪脑膜和实质充血、出血、水肿。睾丸实质充血、出现坏死灶。流产胎儿常见脑水肿，脑膜充血，有的脑组织液化积液或发育不全。皮下水肿，胸腔和腹腔积液，肝脏、脾脏有坏死灶。

（4）防控方法　本病主要防控措施是防蚊灭蚊和免疫接种。

（二）细菌性疾病

1. 仔猪黄痢（细菌）　仔猪黄痢是初生仔猪的一种急性、高度致死性疾病，以剧烈水样腹泻、迅速死亡为特征。病原一般为溶血性或非溶血性大肠杆菌。

（1）流行特点　新生仔猪24h内最易感染发病。一般在出生后3d左右发病，最迟不超过7d。本病在世界各地均有流行；炎夏和寒冬及潮湿多雨季节发病严重，春、秋温暖季节发病少。

（2）临床症状　该病潜伏期短的可达8～10h，一般在24h左右。病猪表现为突然腹泻，排出稀薄如水样粪便，呈黄色或灰黄色，混有小气泡并带腥臭，随后腹泻更加严重。病猪口渴、脱水，但无呕吐现象，最后昏迷死亡。

（3）病理变化　皮肤干燥、皱缩，口腔黏膜苍白、干燥脱水。最显著的病变为肠道急性炎症，其中以十二指肠最为严重。

（4）治疗　由于患病仔猪剧烈腹泻而迅速脱水，药物治疗往往难以奏效。但如出现腹泻病猪后，立即对全窝用药物预防治疗，则可减少损失。

（5）预防　利用分离的致病菌株制备的抗血清或经产母猪的血清对初生仔猪进行注射或口服，可减少该病的发生。应用疫苗预防有一定效果。另外，注意保持猪舍环境的清洁、干燥，尽可能安排在春、秋季天气温暖干燥的季节产仔，可减少本病的发生。

2. 仔猪白痢　仔猪白痢是由大肠杆菌引起的仔猪在哺乳期常见的腹泻病。

（1）流行特点　本病一般发生于10～30日龄仔猪。在冬、春两季气温剧变、阴雨连绵或保温不良及母猪乳汁缺乏时发病较多。一窝仔猪有一头发生后，其余的往往同时或相继发生。

（2）临床症状　体温一般无明显变化。病猪腹泻，排出白、灰白以至黄色粥状有特殊腥臭的粪便。同时，病猪畏寒，脱水，吃奶减少或不吃，有时可见吐奶。除少数发病日龄较小的仔猪易死亡外，一般病猪病情较轻，易自愈。

（3）病理变化　病理剖检无特异性变化，一般表现为消瘦和脱水等外观变化。部分病例可见肠系膜充血，肠壁薄而呈半透明状，肠系膜淋巴结水肿。

（4）治疗　抗菌药物对本病有一定的疗效。口服微生态制剂有较好的预防和治疗作用。

（5）预防　平时加强饲养管理，对仔猪注意保温，同时注意环境的干燥及提早补料等，可减少发病。

3. 猪气喘病　猪气喘病也称猪支原体肺炎、猪地方流行性肺炎，是猪的一种慢性、接触传染病，多呈慢性经过。病原为猪肺炎支原体，呈多形性、不易着色，能在无细胞的人工培养基上生长的微生物。

（1）流行特点　不同品种、年龄、性别的猪均易感，但地方品种猪易感性更高。该病发生虽无季节性，但在气候剧变、阴湿寒冷时易发生，饲养管理和卫生条件差、饲料品质不良、猪舍拥挤、通风不良等因素均可诱发本病。

（2）临床症状　主要症状为咳嗽和气喘。根据病情，可分三种类型。急性型：常见于新发病的猪群，地方品种猪多发生于本地品种猪，尤其是仔猪、妊娠母猪和哺乳母猪更为多见。病猪常突然发病，呼吸次数剧增，严重者张口喘气，口鼻流沫，呈犬坐式，发出哮鸣声，似拉风箱，咳嗽低沉或痉挛性阵咳。若无继发感染，则体温一般不高。食欲减少，病程3～5d。慢性型：常见于老疫群的猪或急性转为慢性者。表现为长期咳嗽，特别在清晨及晚间更为明显，或进食及运动时咳嗽。初为单咳，严重时呈痉挛性咳嗽。呼吸次数增加，呈腹式呼吸，呼吸困难。咳嗽及气喘症状时而明显，时而缓和。病猪常流鼻液，有泪斑，咳喘严重，食欲减退，被毛无光泽，瘦弱，病程可达2～3个月或更长。隐性型：症状不明显，偶见咳嗽和气喘地方品种猪不多见。

（3）病理变化　主要病变在肺部。两肺心叶、尖叶和膈叶呈现对称性实变，肺中间叶也呈现实变。病变界限明显，似鲜嫩肌肉样，俗称"肉变"。肺门及纵隔淋巴结肿大呈灰白色，切面外翻湿润，边缘呈轻度充血。肺脏病理组织学检查，可见典型的支气管肺炎变化。

（4）预防和治疗　要坚持全进全出的饲养模式，在每批猪进栏前彻底消毒并空栏一段时间。同时定期接种猪气喘病灭活菌苗，定期进行预防性投药，如投入泰妙菌素、泰乐菌素、土霉素等，连喂5～10d，以减少疫病发生。发现病猪可用林可霉素治疗，以每千克体重50mg进行肌内注射，连用5d。

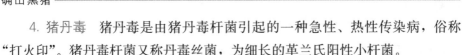

4. 猪丹毒　猪丹毒是由猪丹毒杆菌引起的一种急性、热性传染病，俗称"打火印"。猪丹毒杆菌又称丹毒丝菌，为细长的革兰氏阳性小杆菌。

（1）流行特点　猪丹毒杆菌能感染多种动物和人，甚至在鱼类、家蝇和蚊体内有时也能分离到本菌。本病一年四季均可发生，但在夏季为流行高峰，一般为地方流行性和散发。不同年龄的猪均可发生，但多见于架子猪。

（2）临床症状

①急性（败血型）：病猪突然发病；体温升高达42℃以上，寒战，病猪行走时僵直、跛行，似乎感到疼痛；站立数分钟后又卧倒，站立时四肢相互紧靠，头下垂，背部隆起。食欲废绝，有时呕吐或干呕。病初便秘，随后腹泻，有的混有血液。病程2～3d，随即死亡。

②亚急性（疹块型）：病猪出现典型猪丹毒的症状。急性型症状出现后，在胸、背、四肢和颈部皮肤出现大小不一、形状不同的疹块，凸出于皮肤，呈红色或紫红色，中间苍白，用手指压后褪色。

③慢性型：常发生在老疫区或由前两种类型转化而来。主要表现为关节炎，关节肿大，行动僵硬，呈现跛行。出现慢性心内膜炎，消瘦，贫血，喜卧倒，步态不稳，心跳快，常因心肌麻痹而突然死亡。

（3）病理变化　该病主要病变在胃、十二指肠、回肠，整个肠道都有不同程度的卡他性或出血性炎症。脾肿大，呈典型的败血脾。肾淤血、肿大，有"大红肾"之称。关节肿胀，有浆液性、纤维素性渗出物蓄积。慢性病例在心脏可见到疣状心内膜炎病变，二尖瓣和主动脉瓣出现菜花样增生物。

（4）预防和治疗

①疫苗接种：目前市售产品有猪丹毒活疫苗和猪瘟、猪肺疫三联苗两种。可根据具体情况选用。

②隔离消毒：发现本病应立即隔离治疗，注意环境和粪便的消毒。对于病猪的尸体应做烧毁或其他无害化处理，杜绝散播。

③药物治疗：本病首选的药物是青霉素，首次使用剂量要大。此外，其他抗生素或喹诺酮类药物、磺胺类药物均有效。用抗猪丹毒高免血清皮下或静脉注射，有紧急预防和治疗效果。

5. 猪肺疫（猪巴氏杆菌病）　猪肺疫又称为猪巴氏杆菌病，俗称"锁喉疯"或"肿脖子瘟"。它是由特定血清型的多杀性巴氏杆菌引起的急性或散发性和继发性传染病。急性病例呈出血性败血症、咽喉炎和肺炎等症状。慢性病例主要表现为慢性肺炎症状，多呈散发。

（1）流行特点　本病常见中、小猪发病，以秋末春初及气候骤变季节发生最多，南方易发生于潮湿闷热及多雨季节。

（2）临床症状　急性病例一般病程较短，可突然死亡。典型的表现是：急性咽喉炎，表现为颈部高度红肿、热而坚硬，呼吸困难及肺炎症状；散发或继发性的慢性病猪，症状不明显，易和其他传染病相混淆。

（3）病理变化　最急性病例，表现为败血症变化，咽喉部急性炎症。急性病例，主要为肺水肿，不同程度肝变病灶以及胸部淋巴结的炎症。散发性病例见纤维素性渗出或肺膜粘连。

（4）鉴别诊断　除注意与猪瘟、猪丹毒鉴别诊断外，急性咽喉炎病例要与急性炭疽区分，猪很少发生急性炭疽，且不形成流行。

（5）防治方法　防治本病的根本办法，必须贯彻"预防为主"的方针，消除或减少降低猪抵抗力的一切不良因素，加强饲养管理，做好兽医卫生工作，以增强猪体的抵抗力；每年春秋两季定期进行预防注射。发病后及时隔离病猪，及时治疗，可用磺胺类药物及抗生素；猪舍的墙壁、地面、饲养管理用具要消毒，垫草要焚烧；改善猪只饲养管理条件。

6. 猪链球菌病　猪链球菌病是由几种主要链球菌引起的败血性和局灶性淋巴结化脓的疾病。

（1）流行特点　病猪和带菌猪是传染源，通过呼吸道和皮肤损伤感染，该病一年四季均可发生，以5—11月发生较多。

（2）临床症状　该病常突然发生，体温升到 $40\sim42℃$，全身症状明显，结膜潮红、流泪、流鼻液、便秘。部分病猪可见关节炎，表现为跛行或不能站立。有的病猪出现共济失调、磨牙、空嚼或昏睡等神经症状。后期呼吸困难，$1\sim4d$ 死亡。

（3）病理变化

①败血型：鼻、气管、肺充血；全身淋巴结肿大、出血；心包积液，心内膜出血；肾肿大、出血；胃肠黏膜充血、出血；关节囊内有胶样液体或纤维素性、脓性渗出物。

②脑膜脑炎型：脑膜充血、出血，脑脊髓白质和灰质有小出血点；心包、胸腔、腹腔有纤维素性炎；淋巴结肿大、出血。

（4）诊断　将病料涂片、染色、镜检，可见革兰氏阳性、单个、成对和链

状排列的球菌；将病料接种于血液琼脂平皿，24～48h可见溶血的细小菌落，然后进行生化试验和生长特性鉴定。

（5）防治方法　对急性、关节炎型病猪，及时用大剂量青霉素、土霉素、四环素和磺胺类药物治疗，有一定效果；对淋巴结化脓病例，可待脓肿成熟后，切开脓肿，排除脓汁，局部按外科方法处理。消除外伤引起感染的因素；做好猪舍、环境、用具的消毒卫生工作。必要时，可用猪链球菌氢氧化铝菌苗免疫接种。

7. 仔猪副伤寒　仔猪副伤寒又称猪沙门氏菌病，主要是由猪霍乱沙门氏菌和猪伤寒沙门氏菌引起的仔猪传染病。沙门氏菌为两端钝圆、中等大小的杆菌，革兰氏染色阴性，不产生芽孢，除鸡白痢、沙门氏菌和鸡伤寒沙门氏菌外，都有周身鞭毛。

（1）流行特点　猪不分年龄均可感染，多发生在1～4月龄（10～15kg）。本病一年四季均可发生，但以冬春气候寒冷多变及多雨潮湿季节发生最多。

（2）临床症状　按症状分为急性和慢性两型，以慢性型为常见。急性型（败血型）发病初期体温升至41℃以上，食欲不振或废绝，精神萎靡，喜藏于垫草内，寒战。鼻、眼有黏性分泌物，初便秘，后腹泻，排出淡黄色、恶臭的稀粪，有时不见腹泻。在鼻端、耳、颈、腹部及四肢内侧皮肤出现紫色斑，此时病猪迅速消瘦，步态不稳，呼吸困难，衰竭而死亡。病期3～5d。慢性型为最常见的病型，最主要的特征症状是腹泻，粪便呈粥状或水样，颜色为灰白、黄绿、黄褐、灰绿或污黑色，有恶臭，有时混有血液。严重时，肛门失禁，在吃食、躺卧、起立或行走时都可出现腹泻，粪便污染尾部及整个后躯；有的猪咳嗽时，呈喷射状排出稀粪水；有的病猪腹泻与便秘交替进行。有的病猪还发生肺炎，有咳嗽和呼吸加快等症状。一般来说，慢性型病猪体温稍高或正常，有食欲，后期废绝；也有的病猪死前还可采食，喜喝脏水。有的病猪皮肤上出现湿疹样变化；由于持续腹泻，病猪日渐消瘦、衰弱，被毛粗乱无光，行走摇晃，最后极度衰竭而死亡。多在出现症状后15d以上死亡，有的甚至长达2个月。不死的病猪生长发育停滞，成为僵猪。

（3）病理变化　急性型病猪主要为败血症变化，体表皮肤有紫红色斑，脾脏肿大，呈暗红色，质韧，切面呈蓝红色；全身淋巴结肿大，呈紫红色，切面外观似大理石状，与猪瘟的变化相似；肝脏、肾脏、心外膜、胃、肠黏膜有出血点；肺脏表现卡他性炎症；病程稍长的病例，大肠黏膜有糠麸样坏死灶。慢性型病例，典型的病变在盲肠、结肠，甚至回肠。

（4）诊断方法　慢性副伤寒的发病特点、症状及病理变化都比较典型，不难做出诊断，急性副伤寒与猪瘟相似，应注意区别诊断。

（5）治疗　发现病猪立即隔离，及时治疗，并坚持与改善饲养管理及卫生条件相结合，才能收到满意效果。

（6）预防　做好仔猪的饲养管理和保持良好的卫生条件。可对1月龄以上哺乳或断奶仔猪用仔猪副伤寒冻干弱毒菌苗预防。

8. 猪水肿病　猪水肿病又名猪胃肠水肿，是由病原性大肠杆菌的毒素引起断奶仔猪的一种急性、散发性疾病。主要表现为突然发病，共济失调，惊厥，局部或全身麻痹及头部水肿。剖检变化为头部皮下、胃壁及大肠间膜水肿。

（1）流行特点　该病主要发生于断奶前后的仔猪，常突然发生，病程短，发病猪迅速死亡，致死率高；发病多是营养良好和体格健壮的仔猪；一般局限于个别猪群，不广泛传播；多见于春季和秋季。

（2）临床症状　主要表现为突然发病，体温不高，四肢运动障碍，后躯无力，摇摆和共济失调；有的病猪做圆圈运动或盲目乱冲，突然猛向前跃；各种刺激或捕捉时，触之惊叫，叫声嘶哑，倒地，四肢乱动，似游泳状；病猪常见脸部、眼睑水肿，重者蔓延至面、颈部，头部变"胖"。

（3）病理变化　主要病变是水肿。表现为上下眼睑、颜面、下颌部、头顶部皮下呈灰白色凉粉样水肿。

（4）预防和治疗　加强猪舍饲养管理，尽量减少仔猪断奶应激，严禁突然断奶。对14日龄仔猪可注射水肿病多价灭活疫苗进行预防。对已发病仔猪及时进行隔离治疗，选择青霉素类、链霉素、卡那霉素、林可霉素，配合使用亚硒酸钠、维生素E、地塞米松，可获得较好的治疗效果。

第三节　主要寄生虫病的防控

寄生虫是暂时或永久地寄居于另一种生物（宿主）的体表或体内，夺取被寄居者（宿主）的营养物质并给被寄居者（宿主）造成不同程度危害的动物。寄生虫侵入宿主或在宿主体内移行、寄生时，对宿主是一种"生物性刺激物"，是有害的，其影响也是多方面的，但由于各种寄生虫的生物学特性及寄生部位

等不同，因而对宿主的致病作用和危害程度也不同，主要表现为机械性损害、夺取宿主营养和血液、毒素的毒害作用和引入其他病原体，传播疾病。

一、常见寄生虫病及防控措施

（一）常见寄生虫病

1. 猪疥螨病　病猪患部痒，经常在猪舍墙壁、围栏等处摩擦，经 5～7d 皮肤出现针尖大小的红色血疹，并形成脓包，时间稍长，脓包破溃、结痂、干枯、龟裂，严重的可致死，但多数表现发育不良，生长受阻。

2. 弓形虫病　病猪精神沉郁，食欲减退、废绝，尿黄便干，体温呈稽留热（40.5～42℃），呼吸困难，呈腹式呼吸，到后期病猪耳部、腹下、四肢可见发绀。

3. 猪蛔虫病　成虫寄生在小肠，幼虫在肠壁、肝脏、肺脏中发育，形成一个移动过程，可引发肺炎和肝脏损伤，有的移行到胃内，可造成呕吐。剖检时可见蛔虫堵塞肠道。

4. 旋毛虫病　旋毛虫成虫寄生于肠管，幼虫寄生于横纹肌。本虫感染常呈人猪相互循环。人通过摄食生的或未煮熟的含旋毛虫包囊的猪肉而感染，严重者可致死亡。

（二）主要防治措施

（1）加强环境卫生。

（2）定期进行驱虫　一般猪场每年春秋二季对种猪群驱虫，断奶仔猪在转群时驱虫一次。

（三）常用治疗药物

1. 敌百虫　先将敌百虫按 1‰ 浓度制成药液，清洗患部。每天 1 次，连续用 3～4d。内服可按每千克体重 100～120mg 的用量拌料，1 次内服。

2. 左旋咪唑　口服每千克体重 7～10mg，肌内注射可按每千克体重 7.5mg，一般用于猪蛔虫、猪后圆线虫、猪有齿冠尾虫、猪棘头虫等。

3. 伊维菌素和阿维菌素　每千克体重 0.3mg，一次皮下注射，1 周后重复 1 次效果理想。

二、动物寄生虫病防控的注意事项

(1) 注意药物的选择，要选择高效、低毒、广谱、价廉、使用方便的药物。

(2) 注意驱虫时间的确定，一般应在"虫体性成熟前驱虫"，防止性成熟的成虫排出虫卵或幼虫，污染外界环境。或采取"秋冬季驱虫"，此时驱虫有利于保护畜禽安全过冬；秋冬季外界寒冷，不利于大多数虫卵或幼虫存活发育，可以减少对环境的污染。

(3) 在有隔离条件的场所进行驱虫。

(4) 在驱虫后应及时收集排出的虫体和粪便，用"生物热发酵法"进行无害化处理，防止散播病原。

(5) 在组织大规模驱虫、杀虫工作前，先选小群猪做药效及药物安全性试验，在取得经验之后，再全面开展。

(6) 屠宰前 3 周内不得使用药物进行驱虫。

(7) 驱虫时，注意防止产生耐药性。

第八章
养殖场建设与环境控制

第一节　养猪场选址与建设

正确选择场址并进行合理的建筑规划和布局，是猪场建设的关键。规划和布局合理，既可方便生产管理，也为严格执行防疫制度等打下良好基础。

场址选择应根据猪场的性质、规模和任务，考虑场地的地形、地势、水源、土壤、当地气候等自然条件；同时应考虑饲料及能源供应，交通运输，产品销售，与周围工厂、居民点及其他畜牧场的距离，当地农业生产，猪场粪污处理等社会条件，进行全面调查，综合分析后再作决定。

一、地形地势

猪场的地形要求开阔整齐，有足够的面积。地形狭长或边角多等不利于场地规划和建筑物布局；面积不足会造成建筑物拥挤，给饲养管理、改善场区及猪舍环境及防疫、防火等造成不便。猪场生产区面积一般可按繁殖母猪每头$45\sim50m^2$或上市商品育肥猪每头$3\sim4m^2$考虑，猪场生活区、行政管理区、隔离区另行考虑，并须留有发展余地。

猪场地势要求较高、干燥、平坦、背风向阳、有缓坡。地势低洼的场地易积水潮湿，夏季通风不良，空气闷热，易滋生蚊蝇和微生物，而冬季则阴冷。有缓坡的场地便于排水，但坡度不能过大，以免造成场内运输不便，坡度应不大于$25°$。在坡地建场宜选背风向阳坡，以利于防寒和保证场区较好的小气候环境。场址选择同时应本着节约用地，不占或少占一般农田，不与农争地的原则。

二、水源水质

猪场水源要求水量充足，水质良好，便于取用和进行卫生防护，并易于净化和消毒。水源水量必须满足场内生活用水、猪只饮用及饲养管理用水（如清洗调制饲料，冲洗猪舍，清洗机具、用具等）的要求。各类猪每头每天的总需水量与饮用量分别为：种公猪40L和10L、空怀及妊娠母猪40L和12L、泌乳母猪75L和20L、断奶仔猪5L和2L、生长猪15L和6L，这些参数供选择水源时参考。

三、土壤特性

土壤的物理、化学和生物学特性，都会影响猪的健康和生产力。一般情况下，猪场土壤要求透气性好、易渗水、热容量大，这样可抑制微生物、寄生虫和蚊蝇的滋生，并可使场区昼夜温差较小。土壤虽有一定的自净能力，但许多病原微生物可存活多年，而土壤又难以彻底进行消毒，所以土壤一旦被污染，则多年具有危害性，选择场址时应避免在旧猪场场址或其他畜牧场地上重建或改建。为避免与农争地，选址时不宜过分强调土壤种类和物理特性，应着重考虑化学和生物学特性，注意地方病和疫情的调查。

四、周围环境

养猪场饲料、粪污、废弃物等运输量很大，交通方便才能保证饲料的就近供应、产品的就近销售及粪污和废弃物的就地转化和消纳，以降低生产成本和防止污染周围环境，但交通干线又往往是造成疫病传播的途径。因此，选择场址时既要求交通方便，又要求与交通干线保持适当的距离。一般来说，猪场距铁路，国家一、二级公路应不少于300～500m，距三级公路应不少于150～200m，距四级公路不少于50～100m。

猪场与村镇居民点、工厂及其他畜禽场间应保持适当距离，以避免相互污染。与居民点间的距离，一般猪场应不少于300～500m，大型猪场（如万头猪场）则应不少于1 000m。猪场应处在居民点的下风向和地势较低处。与其他畜禽场间距离，一般畜禽场应不少于150～300m，大型畜禽场应不少于1 000～1 500m。此外，还应考虑电力和其他能源的供应。

第二节 猪场建筑的基本原则

场地选定后，根据有利防疫、改善场区小气候、方便饲养管理、节约用地等原则，考虑当地气候、风向、场地的地形地势、猪场各种建筑物和设施的大小及功能关系，规划全场的道路、排水系统、场区绿化等，安排各功能区的位置及每种建筑物和设施的位置和朝向。

一、场地规划

猪场一般可分为 4 个功能区，即生产区、生产管理区、隔离区、生活区。为便于防疫和安全生产，应根据当地全年主风向与地势，顺序安排以上各区，即生活区→生产管理区→生产区→隔离区。

1. 生活区 包括文化娱乐室、职工宿舍、食堂等。此区应设在猪场大门外面。为保证良好的卫生条件，避免生产区臭气、尘埃和污水的污染，生活区设在上风向或偏风方向和地势较高的地方，同时其位置应便于与外界联系。

2. 生产管理区 包括行政和技术办公室、接待室、饲料加工调配车间、饲料储存库、办公室、水电供应设施、车库、杂品库、消毒池、更衣消毒和洗澡间等。该区与日常饲养工作关系密切，距生产区距离不宜远。饲料库应靠近进场道路处，并在外侧墙上设卸料窗，场外运料车辆不许进生产区，饲料由卸料窗入料库；消毒、更衣、洗澡间应设在场大门一侧，进生产区人员一律经消毒、洗澡、更衣后方可入内。

3. 生产区 包括各类猪舍和生产设施，也是猪场的最主要区域，严禁外来车辆进入生产区，也禁止生产区车辆外出。各猪舍由料库内门领料，用场内小车运送。在靠围墙处设装猪台，售猪时由装猪台装车，避免外来车辆进场。

4. 隔离区 包括兽医室和隔离猪舍、尸体剖检和处理设施、粪污处理及贮存设施等。该区是卫生防疫和环境保护的重点，应设在整个猪场的下风或偏风方向、地势低处，以避免疫病传播和环境污染。

5. 场内道路和排水 道路是猪场总体布局中一个重要组成部分，它与猪场生产、防疫有重要关系。场内道路应分设净道、污道，互不交叉。净道用于运送饲料、产品等，污道则专运粪污、病猪、死猪等。场内道路要求防水防滑，生产区不宜设直通场外的道路，而生产管理区和隔离区应分别设置通向场外的道路，以利于卫生防疫。场区排水设施为排除雨、雪而设。一般可在道路一侧或两侧设暗沟排水，但场区排水管道不宜与舍内排水系统的管道通用，以防杂物堵塞管道影响舍内排污，并防止雨季污水池满溢，污染周围环境。

二、建筑物布局

猪场建筑物的布局在于正确安排各种建筑物的位置、朝向、间距。布局时需考虑各建筑物间的功能关系、卫生防疫、通风、采光、防火、节约用地等。生活区和生产管理区与场外联系密切，为保障猪群防疫，宜设在猪场大门附近，门口分设行人和车辆消毒池，两侧设值班室和更衣室。生产区各猪舍的位置需考虑配种、转群等联系方便，并注意卫生防疫，种猪、仔猪应置于上风向和地势高处。妊娠猪舍、分娩猪舍应放到较好的位置，分娩猪舍要靠近妊娠猪舍，又要接近仔猪培育舍，育成猪舍靠近育肥猪舍，育肥猪舍设在下风向。病猪和粪污处理应置于全场最下风向和地势最低处，距生产区宜保持至少 50m 的距离。猪舍的朝向关系到猪舍的通风、采光和排污效果，根据当地主导风向和日照情况确定。一般要求猪舍在夏季少接受太阳辐射、舍内通风量大而均匀；冬季应多接受太阳辐射，冷风渗透少。因此，炎热地区，应根据当地夏季主风向安排猪舍朝向，以加强通风效果，避免太阳辐射。寒冷地区，应根据当地冬季主导风向确定朝向，减少冷风渗透量，增加热辐射，一般以冬季或夏季主风与猪舍长轴有 30°～60°夹角为宜，应避免主风方向与猪舍长轴垂直或平行，以利防暑和防寒。猪舍一般以南向或南偏东、南偏西 45°以内为宜。各建筑物排列整齐、合理，既要利于道路、给排水管道、绿化、电线等的布置，又要便于生产和管理工作。猪舍之间的距离以能满足光照、通风、卫生防疫和防火的要求为原则。距离过大则猪场占地过多，间距过小则南排猪舍会影响北排猪舍的光照，同时也影响其通风效果，也不利于防疫、防火。综合考虑光照、通风、卫生防疫、防火及节约用地等各种要求，猪舍间距一般以 3～5H（H 为南排猪舍檐高）为宜。

三、猪舍建筑

（一）猪舍形式与基本结构

1. 猪舍的形式　猪舍按屋顶形式、墙壁结构与窗户以及猪栏排列等分为

多种。

(1) 屋顶形式 可分为单坡式、双坡式、联合式、平顶式、拱顶式、钟楼式、半钟楼式等。单坡式一般跨度较小，结构简单、省料，便于施工。舍内光照、通风较好，但冬季保温性差，适合于小型猪场。双坡式可用于各种跨度，一般跨度大的双列式、多列式猪舍常采用这种屋顶。双坡式猪舍保温性好，若设吊顶则保温隔热更好，但其对建筑材料要求较高，投资较多。

(2) 墙壁结构与窗户 目前一般采取半开放式或密闭式，密闭式猪舍又可分为有窗式和无窗式。半开放式猪舍三面设墙，一面设半截墙，冬季在半截墙以上挂草帘或钉塑料布，能明显提高其保温性能。有窗式猪舍四面设墙，窗设在纵墙上，窗的大小、数量和结构可依当地气候条件而定。河南冬天寒冷，猪舍南窗大、北窗要小，以利于保温。为解决夏季有效通风问题，夏季炎热的地区，还可在两纵墙上设地窗，或在屋顶设风管、通风屋脊等。有窗式猪舍保温隔热性能较好，可根据不同季节启闭窗扇，调节通风和保温隔热。无窗式猪舍与外界自然环境隔绝程度较高，墙上只设应急窗，仅供停电应急时用，不作采光和通风用，舍内的通风、光照、舍温全靠人工设备调控，能够较好地给猪只提供适宜的环境条件，有利于猪的生长发育。

(3) 猪栏排列 可分为单列式、双列式、多列式。单列式猪舍猪栏排成一列，靠北墙一般设饲喂走道，舍外可设或不设运动场，跨度较小，结构简单，建筑材料要求低、省工、省料、造价低，但建筑面积利用率低，送料、给水、清粪采用机械化很不经济，这种猪舍适合于养种猪。双列式猪舍内猪栏排成两列，中间设走道，有的还在两边设清粪通道。这种猪舍建设面积利用率较高，管理方便，保温性能好，便于使用机械。但北侧猪栏采光性较差，舍内易潮湿。多列式猪舍中猪栏排成三列或四列，这种猪舍建筑面积利用率高，猪栏集中，容纳猪只多，运输线短，管理方便，冬季保温性能好；缺点是采光差，舍内阴暗潮湿，通风不良。这种猪舍必须辅以机械，人工控制其通风、光照及温湿度，其跨度多在 10m 以上（图 8-1）。

2. 猪舍基本结构 猪舍的基本结构包括地面、墙、门窗、屋顶等，这些又统称为猪舍的"外围护结构"。猪舍的小气候状况，在很大程度上取决于外围护结构的性能。

(1) 基础和地面 基础的主要作用是承载猪舍自身重量、屋顶积雪重量和墙、屋顶承受的风力。基础的埋置深度，根据猪舍的总载荷、地基承载力、地

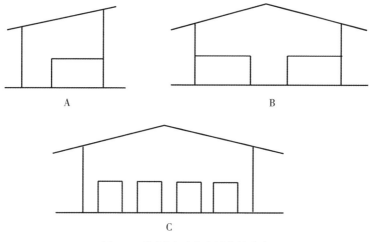

图 8-1 依据屋顶形式划分的猪舍
A. 单列式 B. 双列式 C. 多列式

下水位及气候条件等确定。基础受潮会引起墙壁及舍内潮湿，应注意基础的防潮防水。为防止地下水通过毛细管作用浸湿墙体，在基础墙的顶部应设防潮层。猪舍地面是猪活动、采食、躺卧和排粪尿的地方。地面对猪舍的保温性能及猪的生产性能有较大的影响。猪舍地面要求保温、坚实、不透水、平整、不滑，便于清扫和清洗消毒。地面一般应保持 2%～3% 的坡度，以利于保持地面干燥。土质地面、三合土地面和砖地面保温性能好，但不坚固、易渗水，不便于清洗和消毒。水泥地面坚固耐用、平整，易于清洗消毒，但保温性能差。目前猪舍多采用水泥地面和水泥漏缝地板。为克服水泥地面传热快的缺点，可在地表下层用孔隙较大的材料（如炉灰渣、膨胀珍珠岩、空心砖等）增强地面的保温性能。

（2）墙壁　墙为猪舍建筑结构的重要部分，它将猪舍与外界隔开。按墙所处位置可分为外墙、内墙。外墙为直接与外界接触的墙，内墙为舍内不与外界接触的墙。按墙长短又可分为纵墙和山墙（或叫端墙），沿猪舍长轴方向的墙称为纵墙，两端沿短轴方向的墙称为山墙。猪舍一般为纵墙承重。猪舍墙壁要求坚固耐用，承重墙的承载力和稳定性必须满足结构设计要求。墙内表面要便于清洗和消毒，地面以上 1.0～1.5m 高的墙面应设水泥墙裙，以防冲洗消毒时淋湿墙面和防止猪弄脏、损坏墙面。同时，墙壁应具有良好的保温隔热性能，这直接关系到舍内的温湿度状况。砖墙的毛细管作用较强，吸水能力也

77

强，为保温和防潮，同时为提高舍内照度和便于消毒等，砖墙内表面宜用白灰水泥砂浆粉刷。墙壁的厚度应根据当地的气候条件和所选墙体材料的热工特性来确定，既要满足墙的保温要求，同时尽量降低成本和投资，避免造成浪费。

（3）门与窗户　主要用于采光和通风换气。窗户面积大，采光多、换气好，但冬季散热和夏季向舍内传热也多，不利于冬季保温和夏季防暑。窗户的大小、数量、形状、位置应根据当地气候条件合理设计。门供人与猪出入。外门一般高 2.0～2.4m，宽 1.2～1.5m，门外设坡道，便于猪只和手推车出入。外门的设置应避开冬季主导风向，必要时加设门斗。

（4）屋顶　屋顶起遮挡风雨和保温隔热的作用，要求坚固，有一定的承重能力，不漏水、不透风。屋顶必须具有良好的保温隔热性能。猪舍加设吊顶，可明显提高其保温隔热性能，但随之也增大了投资。

（二）猪舍环境控制

猪舍靠外围护结构不同程度地与外界隔绝，形成不同于舍外的舍内小气候，使猪群免受酷暑严寒和风吹日晒的影响。为猪创造适宜的生活环境，通过合理设计猪舍的保温隔热性能，组织有效的通风换气、采光照明和供水排水，并根据具体情况采用供暖、降温、通风、光照、空气处理等设备，给猪创造一个符合其生理要求和行为习性的适宜环境。

1. 猪舍的保温隔热　保温是阻止热量由舍内向舍外散失，隔热是阻止舍外热量传到舍内。猪舍的保温隔热性能取决于猪舍样式、尺寸、外围护结构所用材料的热工性能和厚度等。设计猪舍时，应根据确山当地气候条件选择猪舍的形式、考虑其尺寸，对于有窗和密闭式猪舍最好经过建筑热工计算来确定围护结构的材料和构造方案，以保证猪舍设计的最优化。猪舍通风分自然通风和机械通风两种方式。

（1）自然通风　自然通风的动力是靠自然界风力造成的风压和舍内外温差形成的热压，使空气流动，进行舍内外空气交换。当舍内的气温高于舍外，热空气上升，使舍内上部气压高于舍外，而下部气压低于舍外，由于存在压力差，猪舍上部的热空气就从上部开口排出，舍外冷空气从猪舍下部开口流入，这就形成了热压通风。热压通风量的大小取决于舍内外温差，温差越大，通风量越大；进排风口的面积及其之间垂直距离越大，通风量越大。

（2）机械通风　密闭式猪舍且跨度较大时，仅靠自然通风不能满足其要求，需辅以机械通风。无窗式猪舍则必须用机械通风。机械通风的通风量、空气流动速度和方向都可以控制。机械通风可分为两种形式：一种为负压通风，即用轧流式风机将舍内污浊空气抽出，使舍内气压低于舍外，则舍外空气由进风口流入，从而达到通风换气的目的；另一种是正压通风，即将舍外空气用离心式或轴流式风机通过风管压入舍内，使舍内空气压力高于舍外，在舍内外压力差作用下，舍内空气由排气口排出。正压通风可以对进入舍内的空气进行加热、降温、除尘、消毒等预处理，但需设风管，设计难度大，在我国较少采用。负压通风设备简单，投资少，通风效率高，在我国被广泛采用。其缺点是对进入舍内的空气不能进行预处理。

2. 猪舍的光照　光照对猪的生长发育、健康和生产力有一定影响。以太阳为光源，通过猪舍的门窗或其他透光构件采光，称为自然光照；以人工光源采光，称为人工照明。自然光照节约能源，但光照度和时间长短随季节和时间而变化，难以控制，舍内光照度也不均匀，特别是跨度较大的猪舍，中央地带光照度更差。当自然光照不能满足猪舍内的照度要求时，为了方便夜间的饲养管理，则需增设人工照明设备，人工照明的光照度和时间可以根据猪群要求进行控制。

（1）自然采光设计　自然采光常用窗地比（门窗等透光构件和有效透光面积与舍内地面面积之比，亦称采光系数）来衡量。一般情况下，妊娠母猪和育成猪窗地比为1∶（12～15），育肥猪为1∶（15～20），其他猪群为1∶（10～12）。窗户除采光外，还往往兼作进排风口，为便于通风换气，猪舍南北墙均应设置窗户，同时为利于冬季保暖防寒，常使南窗面积大、北窗面积小，面积比可为（2～4）∶1。窗户数量、形状和位置，关系到舍内光照和通风是否均匀。与通风时对进、排风口的要求一样，在窗户总面积一定时，酌情多设窗户，并沿纵墙均匀设置，则舍内光照分布也相应地比较均匀。同时，还应合理确定窗户上、下沿的位置，这关系到阳光照进舍内的深度和照射面积。寒冷地区的猪舍，若要求冬季最冷时期的阳光能在中午前后照到猪床上，或在炎热地区，要求猪舍屋檐夏季遮阳，这时可通过计算来确定窗户上、下沿高度。窗的形状对采光也有明显影响。"立式窗"（竖长方形）在进深方向光照均匀，在舍内纵向方向较差；"卧式窗"（横长方形）则正相反，在猪舍纵向光照均匀，跨度方向光照较差；方形窗居中。设计时可根据猪舍跨度大小酌情确定。

（2）人工照明设计　无窗式猪舍必须靠人工光源照明，自然光照猪舍也需

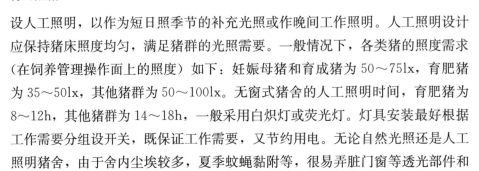
设人工照明,以作为短日照季节的补充光照或作晚间工作照明。人工照明设计应保持猪床照度均匀,满足猪群的光照需要。一般情况下,各类猪的照度需求(在饲养管理操作面上的照度)如下:妊娠母猪和育成猪为 $50\sim75lx$,育肥猪为 $35\sim50lx$,其他猪群为 $50\sim100lx$。无窗式猪舍的人工照明时间,育肥猪为 $8\sim12h$,其他猪群为 $14\sim18h$,一般采用白炽灯或荧光灯。灯具安装最好根据工作需要分组设开关,既保证工作需要,又节约用电。无论自然光照还是人工照明猪舍,由于舍内尘埃较多,夏季蚊蝇黏附等,很易弄脏门窗等透光部件和灯具,影响正常的采光和照明,所以门窗、灯具等应定期擦拭,保持清洁。

3. 猪舍的给排水和清粪系统

(1)给水 猪场中猪只饮用、调制饲料、清洗圈舍、猪只淋浴刷洗等,每天用水量很大,要保证猪场日常管理中充足水量的供给和方便用水,就须合理设计猪场的给水系统。猪场给水方式一般有两种,一种为集中式给水,一种为分散式给水。集中式给水是用取水设备从水源取水,经净化消毒处理后,进入贮水设备,再经配水管网送到各用水点。这种给水方式取用方便、卫生、节约劳力,但投资大、耗能多。分散式给水是各用水点直接由水源取水,使用不方便、费劳力、不卫生,水质、水量不能保证,除小规模养猪户外,一般不宜采用,现代集约化猪场均应采用集中式给水。舍外水管可依猪舍排列和走向来配置,舍内水管则根据猪栏的分布及饲养管理的需求合理设置。舍外水管埋置深度应在冻土层以下,进入舍内可以浅埋,严寒地区应设回水装置,以防冻裂。

(2)排水和清粪系统 猪的粪尿量、猪舍污水排放量很大,若没有有效合理的排水系统,常造成舍内潮湿,空气卫生状况恶化。猪舍排水系统一般与清粪系统结合,猪舍清粪方式有多种,常见的有手工清粪、刮板清粪和水冲清粪等几种形式。传统的手工清粪,是在地面设置粪尿沟和排粪区,排粪区地面有 $1\%\sim3\%$ 坡度,尿和污水顺坡流入粪尿沟,粪尿沟上设铁篦子,防止猪落入。粪尿沟内每隔一定距离设沉淀池,尿和污水由地下排出管排出舍外。猪粪则用手推车人工清除送到贮粪场。通到舍外的污水可直接排入舍外化粪池,或由地下排到检查井,再通过地下支管和干管排入全场污水池。沉淀池和检查井内沉淀物定期或不定期清除。应注意,猪场排雨水的地下排水系统绝不能与舍外排尿和污水的管道共用,以免加大污水处理量,同时防止雨天尿污水溢出地面,污染环境。

传统的手工清粪,因实行粪尿分离,固态粪污的肥效损失少,含水量低,便于高温堆肥或其他方式的处理利用。排到舍外的污水量较小，也便于处理。手工清粪方式投资少，节约水源和电能，也是确山黑猪饲养基地主要的清理方式，但费劳力、劳动强度大。刮板清粪有两种形式，一种为明沟刮板清粪，刮板运行时易弄伤猪腿；另一种为地面设漏缝地板，粪便经踩踏落入粪沟，然后用刮板刮出舍外。这种方式多为粪尿混合，也可使粪尿分离。刮板清粪方式粪污量也相对较少，便于处理，但由于耗电量较大，拖拉刮板的钢丝绳易被腐蚀损坏，使用时间短等，这种清粪方式的推广也受到限制。水冲清粪或水泡清粪方式是近些年从国外引进的，猪舍地面全部或部分采用漏缝地板，借助猪踩踏，粪便落入地板下面的粪沟。采用漏缝地板水冲清粪方式，舍内潮湿，空气卫生条件较差，同时耗水、污水和稀粪量大，处理工艺复杂，设备投资大。

（三）猪舍内部布置

不同性别、不同生理阶段的猪对环境及设备的要求不同，设计猪舍内部结构时应根据猪的生理特点和生物学习性，合理布置猪栏、走道和合理组织饲料、粪污运送路线，选用适宜的生产工艺和饲养管理方式，以充分发挥猪只的生产潜力，同时提高饲养管理工作的劳动效率。

1. 公猪舍　采用带运动场的单列式，给公猪设运动场，保证其充足的运动，防止公猪过肥，对其健康和提高精液品质、延长公猪使用年限等均有好处。公猪栏要求比母猪和育肥猪栏宽，隔栏高度为 1.2～1.4m，公猪栏面积一般为 7～9m²，其运动场也较大；种公猪均为单圈饲养，可以专门设配种栏，也可以利用公猪栏和母猪栏。

2. 空怀与妊娠母猪舍　可为单列式（可带运动场）、双列式、多列式等几种。空怀、妊娠母猪可群养，也可单养。群养时，空怀母猪每圈 4～5 头，妊娠母猪每圈 2～4 头。这种方式节约圈舍，提高了猪舍的利用率；空怀母猪群养可相互诱发发情，但发情不易检查；妊娠母猪群养易发生因争食、咬斗而导致死胎、流产。空怀、妊娠母猪单养（隔栏定位饲养）时易进行发情鉴定，便于配种，利于妊娠母猪保胎和定量饲喂，缺点是母猪运动量小，母猪受胎率有降低趋向，肢蹄病也增多，影响母猪的利用年限。空怀母猪隔栏单养时可与公猪饲养在一起，4～5 个待配母猪栏对应一个公猪栏，这样就不用专设配种栏。群养妊娠母猪，饲喂时亦可采用隔栏定位采食，采食时猪只进入小隔栏，平时则在大栏内自由活动，妊娠期间有一定活动量，可减少母猪肢蹄病和难产，延长母猪使用年限，猪栏占地面积较少，利用率高。但大栏饲养时咬斗、碰撞机会多，易导致死胎和流产。

3. 泌乳母猪舍　泌乳母猪舍供母猪分娩、哺育仔猪用，其设计既要满足母猪需要，同时要兼顾仔猪的要求。分娩母猪适宜温度为 16～22℃，新生仔猪体热调节机能发育不全，怕冷，适宜温度为 30～32℃，气温低时通过挤靠母猪或相互挤堆来取暖，这样常出现被母猪踩死、压死的现象。根据这一特点，泌乳母猪舍的分娩栏应设母猪限位区和仔猪活动栏两部分。中间部位为母猪限位区，宽为 0.6～0.65m，两侧为仔猪栏。仔猪活动栏内一般设仔猪补饲槽和保温箱，保温箱采用加热地板、红外灯或热风器等给仔猪局部供暖。

4. 仔猪培育舍　仔猪断奶后就转入仔猪培育舍，断奶仔猪身体各机能发育不完全，体温调节能力差，怕冷，机体抵抗力、免疫力差，易感染疾病。因此，仔猪培育舍应能给仔猪提供一个温暖、清洁的环境。仔猪培育可采用地面或网上群养，每圈 8～12 头，仔猪断奶后转入培育舍一般应原窝饲养，每窝占一圈，这样可减少因认识陌生伙伴、重新建立群内的优胜序列而造成的应激。

5. 生长育肥猪舍　为减少猪群周转次数，往往把育成和育肥两个阶段合并成一个阶段饲养，生长育肥猪多采用地面群养，每圈 8～10 头，每头猪的占栏面积和采食宽度分别为 0.8～1.0m² 和 35～40cm。生长育肥猪身体各机能发育均趋于完善，对不良环境条件具有较强的抵抗力。因此，对环境条件的要求不是很严格，可采用多种形式的圈舍饲养。

第三节　场舍环境

环境条件是关系到养猪场生物安全的四大要素之一，涉及温度、湿度、光照、风速、不良气体调控等，直接关系到猪场的生物安全、生产水平、经济效益，也影响猪群遗传性能的发挥，以及饲料消化作用和猪群的健康，因此猪场环境的控制在养猪业中具有十分重要的意义。就猪场而言，猪场环境控制主要是针对温度、湿度、空气质量、卫生条件和对生物安全造成影响的因素进行人为控制。环境控制直接影响猪场生物安全，猪场环境控制的结果主要表现在两个方面：一方面，环境控制良好，给猪的生长、发育和繁殖创造舒适条件，提高猪场的生物安全系数，猪场的生产效益得到进一步的提高；另一方面，猪场生物安全受到严重影响，部分疫病得不到彻底控制，猪只生长发育受阻，经济效益低下，甚至给养猪业带来巨大损失。

一、温度控制

温度控制的前提是在充分了解猪的生物学特性的基础上，制订科学合理的控制措施。温度控制必须满足两个条件：一是尽量达到或尽可能接近猪只不同生长阶段对温度的需求，二是温度的基本恒定（表8-1）。

表8-1 猪在不同生长阶段对温度的要求（℃）

项目	公猪	分娩母猪	新生仔猪	4周龄猪	7~11日龄	11~22日龄	22~45日龄	45~68日龄	68~91日龄	91~110日龄	空怀及妊娠猪
气温范围	18~21	16~24	32~40	27~38	27~35	25~32	23~29	20~27	19~24	18~21	18~21
有效温度	16±2.4	21±2.0	35±1.0	27±1.0	26±2.0	23±2.0	20±2.0	18±2.0	17±2.0	16±3.5	16±2.0
温度变化	±8.3	±2.8	±1.1	±2.8	±2.8	±2.8	±5.6	±5.6	±5.6	±8.3	±8.3

猪只从出生到出栏对温度的要求是不一样的，表8-1是按猪只各生长阶段（周龄）确定的不同周龄生长猪对温度的需求，即从出生的35℃开始，以后每周降低1~2℃，直至（16±3.5）℃。温度达到环境温度要求时，猪可能仍感不适，则要根据猪体重考虑，体重大的，对温度的要求要低一些，相反则应适当提高。

（一）温度对各阶段猪的影响

（1）温度偏低　猪只缩脚躺卧，颤抖，拥挤成堆，脱肛和疝气增多，腹泻，料槽边活动增加，采食量上升，饲料转化率下降，被毛长乱，同群（栏）猪体重差异加大等，严重的还可以导致皮肤病和外寄生虫病的传播。

（2）环境温度高　猪只减少活动，分散侧卧，喘气（每分钟超过50次），饮水增加，抢夺水源，采食量下降，生长缓慢，舍内闷热，氨气味重，出现中暑，相互咬尾现象增多等，公猪精液质量、数量下降，严重的可以导致发热性疾病暴发。温度的控制，受猪舍条件、设备、季节、气候变化及其他因素影响，有较大的变化。

（二）环境温度调控的方法

环境温度的调控是一项系统工程，从猪舍的设计、设备的采购即应开始考

虑，猪舍温度变化与猪舍的建筑结构、建筑材料和猪舍设备材料的选用密切相关。智能控温猪舍给出了一套完整的猪舍小环境温度控制方法，夏天使用风扇喷雾装置、空气交换器、滴水装置、水帘；冬天使用电灯、电暖器、火炉、暖风机（炉），安装保温材料等。

（三）猪场环境温度的控制方法

1. 科学设置猪舍通风系数　猪舍通风系数是恒定的，要根据风向、风力大小和一年四季的气温变化与风力、风向变化的关系确定，不能夏天为了降温而单纯加大通风量，冬天为保持温度而一味降低通风量这样来考虑，应与空气的质量、猪只的类型（或生长发育阶段）、局部环境气温变化特点等因素综合考虑。通风的不足和过量都将引起猪只的应激和资源的浪费。猪舍的通风最好采用负压方式，冬季还要防止贼风侵袭（表8-2）。

表8-2　猪舍通风参数

类型或阶段	体重（kg）	每头换气量（m³/h）			气流速度（m/s）			贼风限量（m/s）
		冷天	温暖天气	热天	冷天	温暖天气	热天	
保育前期	5.5～14	3	17	42	0.2	0.2～0.4	0.4～0.6	0.15
保育后期	14～34	5	26	60	0.2	0.2～0.6	0.6～1.0	0.16
育肥前期	34～68	12	41	127	0.2	0.2～0.6	0.6～1.0	0.17
育肥后期	68～100	17	60	204	0.2	0.2～0.6	0.8～1.2	0.18
妊娠母猪	150	20	68	255	0.3	0.3～0.6	1.2～1.4	0.25
哺乳母猪	180	34	136	850*	0.15	0.15～0.4	0.4	0.15（乳猪0.025）
公猪	180	24	85	510**	0.3	0.3～0.6	1.2～1.4	0.25

注：*使用滴水或喷雾装置时可减少至596m³/h；**使用滴水或喷雾装置时可减少至307m³/h。

换气量的计算：风扇换气量（m³/h）＝风扇风速（m/s）×风扇表面积×3 600，猪舍换气量（m³/h）＝风扇换气量（m³/h）×风扇数。

风速的计算：猪舍内风速（m/s）＝风扇换气量（m³/h）×风扇数÷猪舍宽÷猪舍平均高度÷3 600。

值得注意的是，要保证猪舍的正常换气和风扇效率的正常发挥，必须注意降温设备的维护，要保证百叶窗、扇叶、电机轴承、皮带的完好和松紧适度，保持百叶窗和扇叶的洁净，否则就不会达到预期的效果。猪场每周五应该将风扇彻底清洁一次，每年在夏季到来之前应进行一次保养。

2. 电扇吹风降温 　其作用主要是加速猪体周围空气的对流而达到降温的目的。使用时应注意不要直吹猪体，特别是幼龄猪，以免猪只不适。

3. 滴水降温 　适用于低温地区，滴水量为 3～4 滴/s（或 0.8～1L/h）；不适于高温高湿地区。

4. 喷雾降温 　多用于生长育成猪舍。按每 15min 开 2min，停 13min；喷雾量以喷湿的地面在 13min 内刚好干燥为好，喷雾降温不适宜高温高湿地区，不但增加自控装置所需成本，也增加栏舍湿度。

5. 水帘降温 　相对滴水降温和喷雾降温而言，水帘能较好地控制猪舍湿度，且降温效果好。水帘降温的效果与猪舍的密封性、水帘面积、水泵的流量、风扇排气量等密切相关。在使用时要求除保证水帘进风外，其他进风要堵死。水帘淋水量以手掌紧贴水帘，大拇指向下，5～10s 有水顺大拇指下流为宜。水帘面积则需通过计算确定：最低水帘长度＝风扇排气量（CFM，0.05 个负压时）×风扇数量÷400÷水帘高度，最大水帘长度＝风扇排气量（CFM，0.05 个负压时）×风扇数量÷350÷水帘高度。

6. 猪舍的升温 　一般主要通过在保证空气质量前提下减少通风量及使用红外线灯、电热垫板、火炉、暖风炉等实现。在减少通风量的情况下，要注意防止贼风侵袭。使用红外线灯和电热板给哺乳仔猪保温时，应注意在仔猪出生前半天即开启，保证仔猪保温区温度在 29～35℃。火炉的大小、暖风炉的功率选择应以尽量保证母猪和保育仔猪在最低外界环境温度下要求的猪舍环境温度为原则。采用煤气燃烧升温时，要注意清洁和调校，以避免猪舍一氧化碳过量。使用外温装置时，应安装自动测温和报警系统，以保证猪舍温度的基本恒定。

二、空气质量的控制

1. 猪舍空气质量标准 　见表 8-3。

表 8-3　猪舍空气质量标准

项目	限度	
相对湿度	适宜 50%～80%	最佳 60%～70%
氨气	≤25g/m³	最佳<10g/m³
一氧化碳	≤50g/m³	最佳<5g/m³

（续）

项目	限度	
硫化氢	≤10g/m³	最佳 0
尘埃	4mg/m³	最佳<2mg/m³

2. 改善空气质量的方法

（1）处理过量的氨气、硫化氢。

（2）增加清除猪粪的次数。

（3）彻底清扫猪栏。

（4）增加通风率。

（5）排粪沟水深 3～4cm。

（6）修建小厕所，每周定期清理排放 2～3 次。

（7）处理过量的一氧化碳　清洁并调整加热器（如使用煤气加热），使用先进的排气装置并保证排气装置良好运行，增加通风率。

3. 湿度的调控

（1）湿度太高　增加通风率，保持供水系统完好无渗漏，减少栏舍的冲洗和控制滴水、喷雾装置的使用。

（2）湿度太低　减少通风率。

4. 灰尘的控制

（1）改进饲料加工调制方法和饲喂方式，防止饲料粉尘的散发。

（2）增加空气温度，降低通风率。

（3）经常保持栏舍及设备的清洁。

（4）饲料中增加 1％～2％ 的脂肪含量。

5. 空气质量不佳的初步判定

（1）地面和墙壁潮湿。

（2）空气刺鼻、刺眼。

（3）猪只打喷嚏，咳嗽，有泪斑。

（4）猪嗜睡。

三、饮水的控制

1. 猪的水质要求　见表 8-4。

表 8-4　猪饮水水质要求

项目	范围（mg/L）	临界值（mg/L）
砷	未测定	0.2
硼	0～1	1.5
镉	—	0.5
钙	0～150	250
氯	0～250	300
铬	未测定	1
钼	0～0.5	1.5
氟	0～0.03	4
铁	0～1	5
铅	未测定	0.1
镁	0～90	125
锰	0～0.1	—
汞	未测定	0.01
镍	未测定	1
硝酸盐	0～45	200
亚硝酸盐	0～10	44
硫	0～67	250
锌	0～25	25
硒	未测定	0.1
硫酸盐	0～200	750
钠	0～100	300
pH	6.8～7.5	<6 或>8
可溶物	0～1 000	2 000
硬度	0～300	400
大肠杆菌数	0	1

2. 猪的饮水需要量参数　见表 8-5。

表 8-5　猪饮水需要量参数（L/头）

天气	断奶至11kg	11～22kg	22～56kg	56～110kg	种猪	哺乳母猪
冷天	2	4	8	10	15	20
温暖天气	8	11	16	20	30	40

3. 猪饮水器安装参数　见表 8-6。

表8-6 猪饮水器安装参数

类型或体量	饮水器大致高度 （cm）	每个饮水器供应猪数 （头）	饮水器流速 （mL/min）
断奶至11kg	10	10	240
11～22kg	30	12	480
22～56kg	45	12	720
56～110kg	60	12	980
种猪	75	12	1 400
哺乳母猪	75	12	1 900

保育猪、育成猪及种猪可使用出水孔径为 2.5mm、3.5mm 的鸭嘴式饮水器，分娩母猪最好使用外形尺寸为 182mm×152mm×116mm 的杯式饮水器，以降低猪栏湿度和方便仔猪饮水。

4. 饮水器的水压　建议范围为 103～172kPa，最大限度 276kPa。保育舍水压不宜过大。

5. 饮水器的高度　饮水器的适宜高度与猪的类别和饮水器的类型有关。通常，保育、育成及种猪使用的鸭嘴式饮水器的适宜高度分别为 300～400mm、450～500mm 和 750～800mm；分娩母猪使用的杯式饮水器的适宜高度为 150～250mm。

妊娠母猪区，应每天清洗猪槽，除喂料时间外，保持水槽内经常有清洁的水存放。每天检查饮水器，保持正常供水。空栏时，饮水器彻底清洗消毒。空栏装猪前，人工放掉饮水器内的沉淀物和含铁锈的水。大栏安装多个饮水器时，饮水器水平间距最好在 60cm。

四、噪声的控制

所有猪舍都应保持安静，尽量减少人为噪声，如猪舍门的突然猛开、猛关，猪舍内突然快速跑动等，避免猪只惊吓或不适。猪舍进行设备维护，尽量避免因维护和维修产生强烈刺耳的机械噪声，采用低噪声的电扇和排风扇，饲料车、运猪车在生产区禁止鸣笛。

五、光照的调整

猪对光照有很强的适应性，即使完全黑暗亦不会影响基本生产性能。研究发现光照与猪群三项生产指标（繁殖、生长、体成熟）密切相关。夏天逐渐缩短的日照能激发公母猪的繁殖机能；日照周期的增长会通过增加哺乳而提高哺乳仔猪的生长速度。也有试验表明，育肥猪77lx的光照比48lx的光照达到上市体重（体成熟）的上市率要高。另外，母猪分娩时24h的光照便于观察母猪和接产工作，同时因减少仔猪的被压而提高了断奶仔猪数。建议对各类猪给予的光照参数见表8-7。

表8-7　各类猪给予的光照参数

项目	公猪	母猪、仔猪及后备猪	育肥猪
光照度（lx）	100～150	50～100	50
光照时间（h）	8～10	14～18	8～10

六、圈舍及其空间占用的控制

1. 每头猪平均占用圈舍面积　因地板的类型、猪只的大小、不同的生长阶段和生产性能、设施、设备、圈舍形状、环境温度、遗传性能等的不同而异。在实际生产中，应综合上述各种因素及时进行调整（表8-8）。

表8-8　猪占用圈舍面积参数（m^2/头）

断奶至23kg	23～45kg	45～72kg	72～100kg	>100kg	妊娠	配种	公猪
0.20～0.30	0.45～0.65	0.65～0.8	0.8～1.2	1.2～1.4	1.4	2.8	4.0

注：使用固定圈舍饲养的公猪占用圈舍（栏）面积约1.8m^2/头，母猪1.4m^2/头，分娩床面积2.2×1.8=3.96（m^2）。

2. 料槽槽位的配置　料槽槽位的需要与圈舍的尺寸、形状、料槽在舍内的位置和方向，每圈（栏）猪只的头数、大小和饲喂方式（如限制或自由采食）等因素密切相关（表8-9）。

表8-9　猪的料槽空间需要量

体重或类群型	猪只数	空间宽度（cm）
断奶	2	9
7～22kg	3	15
22～45kg	4	25
45～110kg	5	35
种公、母猪	1	50

第九章
废弃物处理与资源化利用

第一节 原 则

一、养殖污染及废弃物防治的法律法规

按《中华人民共和国环境保护法》《中华人民共和国畜牧法》《中华人民共和国水污染防治法》《中华人民共和国大气污染防治法》《畜禽规模养殖污染防治条例》和《畜禽养殖业污染物排放标准》（GB 18596—2001）的有关规定，按照"减量化、无害化、资源化、生态化"的原则，采取雨污分离、干湿分离、资源利用工艺，通过对确山黑猪规模养殖场粪污、废弃物进行资源化综合利用，最终实现污染物零排放的目标，推进畜牧业生产方式转变，大力发展生态化确山黑猪养殖，促进养殖业持续稳定健康发展。

二、确山县人民政府制定的养殖污染及废弃物治理的相关政策

近年来，确山县人民政府制定的养殖污染及废弃物治理的相关政策包含《确山县人民政府办公室关于印发确山县 2017 年畜禽养殖污染防治实施方案的通知》（确政办〔2017〕57 号）、《确山县人民政府关于加强农村环境保护工作的意见》（确政办〔2011〕28 号）、《确山县人民政府办公室关于印发确山县2014 年主要污染物问题减排计划实施方案的通知》（确政办〔2014〕35 号）、《确山县人民政府办公室关于印发确山县畜禽养殖环境管理暂行办法的通知》（确政办〔2016〕67 号）、《确山县人民政府办公室关于印发确山县畜禽养殖禁养区限养区划分方案的通知》（确政办〔2016〕214 号）等。

第二节　粪污处理模式

确山黑猪规模化养殖场通常为中、小型规模，采用农牧结合、就近消纳的处理方式。养殖场中建设与规模相配套的沼气池、贮存池、堆肥场等粪污处理设施，粪污处理后用于自身流转的土地及周边种植农户，就近还田，其中主要采用了沼气生态模式和种养平衡模式。

一、沼气生态模式

该模式依靠现代化的设备组成比较完善的处理系统，将畜禽粪便经过一系列的生物发酵处理，产生沼气，最大限度地回收能源，以能源开发（供热、发电）为核心，以沼渣、沼液的还田利用为纽带，以多种园艺种植利用为依托，大幅度提高猪场废弃物综合利用效益，消除猪场废弃物产生的环境污染。

二、种养平衡模式

在耕地较多的地方，遵循生态学的原理，通过按土地规模确定猪场规模，以土地消纳猪场粪便，制定并实施科学规划，用猪场粪污作为种植业有机肥料供应源，将猪场粪污密闭存放腐熟后就地还田。

第三节　粪污废弃物处理方式

一、粪污的处理

确山黑猪规模化养殖场粪污处理方式主要包括水冲粪、水泡粪和干清粪。

（1）水冲粪处理方式　猪舍采用漏粪地板，猪只排放的粪尿便进入地漏地板下面的粪沟，工作人员用喷头将粪污冲至一角进行收集。

（2）水泡粪处理方式　水泡粪处理方式是在水冲粪处理方式的基础上进行的改良。猪舍地板同样采用漏粪地板，猪只排放的尿液与粪便进入地漏地板下面的粪沟后，再注入适量的水，将粪便、尿液和水混合储存在粪沟，定期打开阀门将粪污排至集粪池进行下一步处理。

（3）干清粪处理方式　主要分为人工干清粪和机械干清粪。人工干清粪方

式主要采用人力劳动清理固体粪便，加工制成有机粪肥，可有效减少水的用量及污水产生量；机械干清粪主要采用电机带动的刮板来清理粪便，可减少人工、节省用水，减少污水产生量。

二、病死猪及废弃物的处理

猪场在下风口设一病死猪焚尸坑处理病死猪，每次病死猪处理后要立即消毒。猪场废弃物能焚烧者，一律定期集中焚烧；不能焚烧的如胎衣倒入焚尸坑，如疫苗瓶则应集中回收，做好记录，定期上交至有关部门进行无害化处理。

第十章
开发利用与品牌建设

第一节 新品种培育与推广

杂交改良是提高地方家畜品种生产性能的有效方法，河南农业大学养猪实验室 2018 年先后对确山黑猪进行了杂交组合筛选试验。

（一）二元杂交

以纯繁确山黑猪为母本，杜洛克猪、长白猪、大白猪和汉普夏猪为父本开展二元杂交试验，试验结果显示长白猪×确山黑猪杂种猪效果最佳。结果见表10-1、表10-2。

表 10-1 确山黑猪二元杂交后代的胴体性状测定与分析

项目	长白猪×确山黑猪 (n=4)	大白猪×确山黑猪 (n=4)	汉普夏猪×确山黑猪 (n=4)	杜洛克猪×确山黑猪 (n=4)	确山黑猪×确山黑猪 (n=4)
宰前活重 (kg)	89.87±0.02	91.00±0.15	95.78±0.04	87.49±0.21	87.47±0.05
日增重 (g/d)	440.53±0.87	424.40±2.63	414.33±1.11	429.55±0.58	329.63±0.72
胴体重 (kg)	67.45±1.10	65.10±0.74	67.42±0.38	63.56±0.30	60.17±2.90
屠宰率 (%)	75.05±0.32	71.54±0.50	70.39±0.14	72.65±0.54	68.79±0.58
瘦肉率 (%)	53.19±0.16	51.84±0.16	50.23±0.17	50.24±0.24	45.84±0.13
平均背膘厚 (cm)	2.76±0.11	2.67±0.15	2.07±0.10	3.20±0.10	3.56±0.09

（续）

项目	长白猪×确山黑猪 （n=4）	大白猪×确山黑猪 （n=4）	汉普夏猪×确山黑猪 （n=4）	杜洛克猪×确山黑猪 （n=4）	确山黑猪×确山黑猪 （n=4）
眼肌面积 （cm²）	34.50±0.90	27.55±1.01	27.820±0.92	28.55±0.91	18.27±0.98
皮重 （%）	10.39±0.91	10.17±1.19	10.60±0.80	10.19±1.02	11.63±0.74
脂重 （%）	24.30±0.98	26.45±0.92	26.62±0.93	30.37±0.79	27.31±0.77

表 10-2　确山黑猪二元杂交后代的肉质性状测定与分析

项目	长白猪×确山黑猪 （n=4）	大白猪×确山黑猪 （n=4）	汉普夏猪×确山黑猪 （n=4）	杜洛克猪×确山黑猪 （n=4）	确山黑猪×确山黑猪 （n=4）
肉色 （分值）	3.27±0.09	3.15±0.08	3.27±0.10	3.15±0.11	2.94±0.19
大理石纹 （分值）	3.38±0.11	3.14±0.11	3.74±0.12	3.16±0.09	3.60±0.06
pH_{45min}	6.31±0.03	6.12±0.10	6.40±0.03	6.37±0.05	6.21±0.07

（二）三元杂交

为了进一步提高商品猪的瘦肉率，在推广应用最佳二元杂交猪的基础上，挑选屠宰性能较好的长白猪公猪×确山黑猪母猪二元杂交猪为母本，杜洛克猪和大白猪为父本开展三元杂交试验，试验结果显示大白猪×长白猪×确山黑猪杂种猪效果最佳，结果见表 10-3、表 10-4。

表 10-3　确山黑猪三元杂交后代的胴体性状测定与分析

项目	大白猪×长白猪×确山黑猪（n=4）	杜洛克猪×长白猪×确山黑猪（n=4）
宰前活重（kg）	89.67±0.12	82.26±0.23
日增重（g/d）	663.76±5.74	579.11±0.10
料重比（%）	3.11±0.00	3.28±0.00
胴体重（kg）	63.38±5.02	55.50±4.74
屠宰率（%）	70.69±2.97	67.47±1.44
瘦肉率（%）	57.13±0.07	57.79±0.06
平均背膘厚（cm）	2.83±0.48	2.49±0.47
眼肌面积（cm²）	34.04±7.04	33.74±2.54

（续）

项目	大白猪×长白猪×确山黑猪（n＝4）	杜洛克猪×长白猪×确山黑猪（n＝4）
胴体长（cm）	96.05±2.88	99.00±2.00
板油重（kg）	0.76±0.32	0.83±0.40
花油重（kg）	1.68±0.38	2.05±0.38
骨重（kg）	2.93±0.22	3.51±0.38
皮重（kg）	2.70±0.49	2.86±0.43
肉重（kg）	18.13±1.97	18.90±0.81
脂重（kg）	6.79±1.29	6.78±1.70

表 10-4　确山黑猪三元杂交后代的肉质性状测定与分析

项目	大白猪×长白猪×确山黑猪（n＝4）	杜洛克猪×长白猪×确山黑猪（n＝4）
肉色（分值）	3.25±0.29	3.50±0.00
大理石纹（分值）	3.13±0.25	3.38±0.48
pH_{45min}	6.00±0.47	6.35±0.68

通过不同方式的杂交，可以得出如下结论：

（1）含有 25％血统的确山黑猪三元杂交猪，其日增重都得到了较大幅度的提高，由纯种确山黑猪 329.63g，提高到大白猪×长白猪×确山黑猪 663.76g，杜洛克猪×长白猪×确山黑猪 579.11g，日增重提高了一倍左右，提高了出栏率和养猪的经济效益。

（2）引入杂交使杂交猪的胴体性状得到了极大的改善。三元杂交猪与原对照组纯种相比，平均膘厚由 3.56cm 下降到 2.66cm，眼肌面积由 18.27cm² 增至 33.89cm²，瘦肉率由 45.84％增至 57.46％。综合评价，三品种杂交猪已达到瘦肉型猪的标准，可以作为地方猪种杂交利用的模式进行推广。

（3）从毛色上看，杜洛克猪×长白猪×确山黑猪三元杂交商品猪的毛色较杂。从毛色及日增重及饲料报酬等考虑，杂交模式建议以大白猪×长白猪×确山黑猪为最好，宜于大力推广。

第二节　营销与品牌建设

确山黑猪是地方优良品种，于 2009 年 10 月被国家畜禽遗传资源鉴定委员会鉴定（中华人民共和国农业部第 1278 号公告）为地方畜禽遗传资源。为更好地保护确山黑猪优良畜禽遗传资源，并进行科学的开发利用，国家商标局根据《中华人民共和国商标法》《中华人民共和国商标法实施条例》和国家工商行政管理总局《集体商标、证明商标注册和管理办法》等有关法律法规，对"确山黑猪"地理标志证明商标申请材料进行审核，于 2011 年 12 月 27 日发布了总第 1293 期第 31 类第 9786796 号公告。2014 年 12 月 30 日，河南省质量技术监督局公布了《确山黑猪》河南省地方标准。

附　　录

附录一　《确山黑猪》
（DB41/T 978—2014）

1　范围

本标准规定了确山黑猪的品种特征、种猪评定和种猪出场条件。

本标准适用于确山黑猪品种的鉴定和种猪等级评定。

2　品种特征特性

2.1　外貌特征

确山黑猪全身被毛黑色，鬃毛粗长，周身被毛较稀；面部稍凹，额部有菱形皱纹，中间有两条纵的皱褶；分为长嘴和短嘴两种。耳大下垂；体格较大，身躯较长，背腰较宽厚，臀部较丰满，尾粗长，四肢粗壮；母猪腹大下垂，但不拖地；母猪乳头多为14个以上。

2.2　生产性能

2.2.1　繁殖性能

确山黑猪性成熟较早，一般120日龄开始发情，体重达45kg时可开始配种；发情周期为18～21d；妊娠期平均为113～115d。初产母猪窝平均产仔数9头以上，经产母猪窝平均产仔数12头以上。平均初生重1.25kg。母性强，母猪可生产10胎次以上；公猪生殖器官发育良好，性欲旺盛，一般利用2～3年。

2.2.2　生长发育性能

消化能12.5kJ/kg、粗蛋白15%、粗纤维5%的营养条件下，体重10.5～90kg阶段，平均日增重530g。

2.3　胴体品质

育肥猪屠宰体重90kg，屠宰率74%、瘦肉率46%、背膘厚2.33cm、眼肌面积 26.37cm²。

2.4 肉质性状

肉质性能：肉色 3.0 分、大理石纹 3.5 分、熟肉率 60.87%、肌内脂肪 6.10%、肌肉嫩度 29.50N。

2.5 杂交利用

长白猪×确山黑猪杂交育肥猪瘦肉率为 53%，约克夏猪×确山黑猪杂交育肥猪瘦肉率为 52%，汉普夏猪×确山黑猪杂交育肥猪瘦肉率为 50%，杜洛克猪×确山黑猪杂交育肥猪瘦肉率为 50%。约克夏猪×长白猪×确山黑猪杂交育肥猪瘦肉率为 57%，杜洛克猪×长白猪×确山黑猪组瘦肉率为 57.8%。

3 种猪评定

3.1 种猪必备的条件

体型外貌符合本品种特征、特性，生长发育正常。外生殖器（睾丸、附睾）发育正常，公猪阴茎发育良好。有效乳头 14 个以上，排列整齐。本身及同胞无赫尔尼亚、隐睾等遗传缺陷。健康状况良好。来源及血缘清楚，档案系谱记录齐全。

3.2 种猪等级评定

3.2.1 生长发育评分标准

确山黑猪生长发育性能以 2 月龄体重、6 月龄体重进行评定，评分标准见表 1。

表 1 生长发育性能

项目	100分		90分		80分	
	公	母	公	母	公	母
2 月龄体重/kg	15	15	14	14	13	12
6 月龄体重/kg	90	80	85	75	80	70

注：2 月龄体重每增减 0.1kg 相应增减 1 分，6 月龄体重每减少 1kg 应减 2 分，每增加 1kg 增加 2 分。

3.2.2 母猪繁殖性能评分标准

根据窝产仔数和 21 日龄窝重两项指标进行繁殖性能评定，评分标准见表 2。

表 2　母猪繁殖性能评分标准

项目	100 分		90 分		80 分	
	初产	经产	初产	经产	初产	经产
窝产仔数/头	9	12	8	11	7	10
21 日龄窝重/kg	45	55	40	50	35	45

注：窝产仔数每增减 1 头相应增减 10 分；21 日龄窝重每增减 1kg 相应增减 2 分；根据窝产仔数和 21 日龄窝重的相对重要性，加权值分别定为 0.6、0.4；繁殖性能最后得分＝窝产仔数得分×0.6＋20 日龄窝重得分×0.4。

3.2.3　公猪精液质量评分标准

成年公猪的繁殖性能评定以精液质量为依据，评分标准见表 3。

表 3　种公猪精液质量评分标准

项目		100 分	90 分	80 分
射精量/mL	≥	210	190	170
精子活力/%	≥	80	75	70
精子密度（亿个/mL）	≥	2.0	1.8	1.5

3.3　种猪分级标准

种猪分级以评定时所得总分（以整数计）为依据，见表 4。

表 4　种猪分级标准表

等级	一级	二级	三级
评定总分	90～100	80～89	70～79

注：种公猪综合评分以生长发育性能和精液质量两项得分为依据，加权值分别为 0.6 和 0.4；种母猪综合评分以生长发育性能和繁殖性能评定两项得分为依据；加权值分别为 0.4 和 0.6。

3.4　种猪的繁殖性能评定每年在上半年和下半年各评定一次或年终一次评定。

4　种猪出场条件

4.1　种猪无遗传缺陷。

4.2　种用公猪、母猪出场等级应达到二级以上。

4.3　出场种猪应有种猪系谱和种猪合格证。

4.4　种猪应健康无病，并具有检疫合格证。

附录二 《确山黑猪饲养管理技术规范》
（DB41/T 1851—2019）

1 范围

本标准规定了确山黑猪饲养管理的术语和定义、场区规划、饲养管理、饮水与饲料、疾病防控、废弃物无害化处理、资料管理等。

本标准适用于确山黑猪的饲养管理。

2 规范性引用文件

下列文件对于本文件的应用是必不可少的。凡是注日期的引用文件，仅注日期的版本适用于本文件。凡是不注日期的引用文件，其最新版本（包括所有的修改单）适用于本文件。

GB/T 17823 集约化猪场防疫基本要求

GB/T 17824.1 规模猪场建设

GB/T 17824.3 规模猪场环境参数及环境管理

GB/T 25883 瘦肉型种猪生产技术规范

GB/T 36195 畜禽粪便无害化处理技术规范

NY/T 65 猪饲养标准

NY/T 636 猪人工授精技术规范

NY/T 682 畜禽场场区设计技术规范

NY 5027 无公害食品畜禽饮用水水质

NY 5032 无公害食品畜禽饲料和饲料添加剂使用准则

DB41/T 978 确山黑猪

农医发（2017）25号病死及病害动物无害化处理技术规范

3 术语和定义

下列术语和定义适用于本文件。

3.1 确山黑猪

品种特征特性符合 DB41/T 978 规定的黑猪。

3.2　散养

指在一定的自然环境下生存和发展的状态。指在猪场或圈舍外圈定足够面积的山地、林地、荒滩或草地，供猪自由活动的养猪方式。

4　场区规划

4.1　猪场选址

禁止在自然保护区、水源保护区和环境公害污染严重的地区建场。猪舍应建在地势高燥、排水良好、采光充分、易于组织生产和防疫的地方。

4.2　猪场建设

应符合 GB/T 17824.1 和 NY/T 682 的规定。

4.3　猪场所用设备

应符合 GB/T 17824.1 的规定。

4.4　猪场环境

应符合 GB/T 17824.3 的规定。

5　饲养模式

5.1　散养模式

5.1.1　饲养规模

存栏确山黑猪 300 头以下，或饲养确山黑猪能繁母猪 20 头以下。

5.1.2　饲养环境

地处偏僻的山区、林地、荒滩或草地，有一定面积，生态容量大，不应对周边环境造成污染。

5.1.3　饲养方式

采用半开放式的饲养方式，白天以放牧为主，早晚补喂，主要补饲以玉米、小麦麸、饼粕类为主的精料，或补饲豆腐渣、甘薯渣等粗饲料。

5.2　规模养殖模式

5.2.1　饲养规模

存栏规模宜控制在 3 000 头以下，存栏能繁母猪 150 头，应有充足的运动场地。猪场规模应与周边耕地、林地等消纳粪污能力相适应。

5.2.2　猪舍建筑

猪舍坐北朝南，保证有充足的阳光。猪舍留有充足的运动场，面积不少于猪舍面积。猪舍间距（从运动场外墙到猪舍后墙）不少于猪舍和运动场宽度之和。猪舍内外净、污道分开，互不交叉。

5.2.3 放养场地

放养场地面积应比猪舍总面积大 2 倍以上，四周用围墙隔离。

5.2.4 隔离舍

应在相对偏僻、远离饲养区的地方建隔离猪舍。隔离舍分为两类，相互保持一定距离，一类供引种时隔离观察用，一类供场内隔离使用。

6 引种

选用符合 DB41/T 978 规定的确山黑猪品种特征，且血缘和来源清楚的种猪。

7 饮水与饲料

7.1 水质及饮水卫生

饮用水水质应符合 NY 5027 的规定。

7.2 饲料与饲料添加剂

7.2.1 饲料原料和饲料添加剂应符合 NY 5032 的规定。应采用当地的玉米、小麦麸、甘薯、花生秧、甘薯秧、豆腐渣、甘薯渣、米糠、牧草、蔬菜及饼粕类等。经过适当调制，结合猪的营养需要，配制科学的全价饲料。

7.2.2 根据确山黑猪不同生理阶段及生产性能的营养需要配制饲料。

7.2.3 补饲青绿多汁饲料时，应确定来源并清洗干净。

8 饲养管理

8.1 公猪

8.1.1 成年公猪

8.1.1.1 饲养

公猪日粮采食量根据季节、体况、利用强度及精液品质适当调整。

8.1.1.2 管理

8.1.1.2.1 日常管理按 GB/T 25883 的规定执行。

8.1.1.2.2 每天驱赶或自由活动 0.5～2.0h，上午、下午各活动一次。

8.1.1.2.3 种公猪每周采精或配种不高于 3 次。人工授精过程应符合

NY/T 636 的规定。

8.1.1.2.4　人工授精站的种猪每天检查精液品质，自然交配的公猪每周检查一次。

8.1.1.2.5　通风量、采光、温度、湿度、有害物质等环境参数应符合 GB/T 17824.3 的规定。

8.1.2　后备公猪

8.1.2.1　**饲养**

采食量及日粮营养水平按 NY/T 65 的规定适当调整，并补充青绿多汁饲料。

8.1.2.2　**管理**

8.1.2.2.1　后备公猪年龄 6 月龄以上，体重达 75kg 以上方可参加配种。

8.1.2.2.2　达到配种月龄的后备公猪，用发情明显、性情温驯、个体相近的母猪进行调教。后备公猪应有充足的运动场，保证每天有充足的自由运动时间。公猪在限定或单独的运动场进行运动，不应与母猪一同放养。配种前检查两次精液质量，精子活力在 0.8 以上、密度中以上，方可使用。

8.2　母猪

8.2.1　空怀和妊娠母猪

8.2.1.1　根据季节、母猪体况和膘情，适当调整配方或饲喂量。妊娠母猪前期日喂量 2.0～2.5kg，妊娠后期日喂量 2.5～3.0kg，并在每个阶段适当补充青绿多汁饲料。

8.2.1.2　后备母猪适宜配种年龄为 6～7 月龄，在发情第二个情期，观察发情，适时配种。对发情不明显的后备母猪可采用每天早晚与公猪接触、加喂优质饲料、增加营养，增加光照时间等措施刺激发情。

8.2.1.3　妊娠母猪应防挤、防跌、防打架，圈舍保持干燥卫生，适宜温度为 16～22℃。夏季注意防暑降温，冬季注意保暖。

8.2.2　分娩和哺乳母猪

8.2.2.1　母猪分娩前准备好卫生消毒及接产工具等物品，夏天注意母猪防暑降温。冬天做好仔猪保温准备工作。

8.2.2.2　母猪从临产前 5d，逐日减少饲喂量，分娩当日应保证充足饮水。分娩后第 2 天逐渐加料，喂以温水＋少量麦麸＋食盐，5d 后自由采食，适当补充青绿多汁饲料。

8.2.2.3 母猪产后加强护理，促进恶露排出，防止乳房炎的发生。

8.3 仔猪

8.3.1 哺乳仔猪

8.3.1.1 仔猪出生后及时清理口鼻和体表上的黏液，断脐消毒，吃足初乳，3d 内固定乳头。

8.3.1.2 出生后 2～3d 补铁剂，打标记，5～7d 开始诱食补料，每隔 4h 加料一次，自由饮水。

8.3.1.3 采用保温箱红外线灯或电热板等局部保温措施，出生时保温箱温度达到 31～33℃，至 28d 逐渐降至 25℃。

8.3.1.4 公猪 7～10d 去势，母猪不去势。

8.3.2 断奶仔猪

8.3.2.1 仔猪 4～5 周断奶，断奶前 5d 每头母猪每天应逐渐减料 0.5kg，断奶当天不喂料。仔猪断奶后逐渐增料，少喂多餐。

8.3.2.2 断奶分群时以 1 窝或 2 窝组成群。训练仔猪"吃、排、睡三点定位"。

8.3.2.3 仔猪断奶后在原圈饲养 5～7d 后再进行转群。

8.4 保育猪

8.4.1 仔猪转入后 4～5h 喂料，第一天为正常量的一半，第二天提供 2/3，第三天正常给料。

8.4.2 按照猪只大小、公母、种用、强弱等个体情况合理分群，每栏猪只不超过 20 头。

8.4.3 密切观察猪群，及时发现异常猪只，采取相应的措施。

8.4.4 保育期 6～7 周。

8.5 育肥猪

8.5.1 合理分群饲养，分群后进行定位调数，建立良好的采食习惯。

8.5.2 每头猪日采食量 1.0～2.5kg。有条件的散养户可采用白天放牧，早晚补饲的自由采食方式，或者采用三餐制，定时饲喂。

8.5.3 体重达到 90kg 以上出栏。

9 疾病防控

9.1 卫生、消毒、用药按 GB/T 17823 的规定执行。

9.2 确山黑猪免疫程序参见附录 A。免疫后的猪只同时佩戴免疫标识，建立免疫档案。

9.3 定期用高效、低毒、无残留的驱虫药进行体内外寄生虫病防治，每年两次以上。

9.4 场内人员进出严格消毒，场内技术人员禁止对外服务。

10　废弃物无害化处理

应符合 GB/T 36195 及《病死及病害动物无害化处理技术规范》的规定，及时无害化处理。

11　资料管理

11.1 做好日常生产记录，记录内容包括引种、配种、产仔、哺乳、断奶、转群、饲料消耗等。

11.2 种猪应有系谱、来源、特征、主要生产性能记录。

11.3 做好饲料来源、饲料配方及饲料添加剂的记录。

11.4 兽医人员做好免疫记录，包括受免猪只的耳号、免疫时间、疫苗生产厂家及生产批次、剂量、用药方法等。

11.5 每批出场的猪应有销售地记录，以备查询。

11.6 资料保留 3 年以上。

附　录　A

（资料性附录）

确山黑猪免疫程序

确山黑猪免疫程序见表 A.1。

表 A.1　确山黑猪免疫程序

疫病名称	疫苗	免疫时间	免疫剂量	接种方式
猪瘟	猪瘟活疫苗	仔猪：21d	1 头份/头	肌内注射
		保育猪：50～60d	1 头份/头	肌内注射
		后备猪：配种前 3～4 周	2 头份/头	肌内注射
		种公猪：每年 2 次，3 月、9 月	2 头份/头	肌内注射
		种母猪：产后 21d	2 头份/头	滴鼻或肌内注射
伪狂犬病	gE 基因缺失苗	仔猪：出生后 1～3d	1 头份/头	肌内注射
		种猪及后备猪：每年 3 次，2 月、6 月、10 月	2 头份/头	肌内注射
口蹄疫	O/A 二价灭活苗	仔猪：45～55d	2 头份/头	肌内注射
		育成猪：85～90d	2 头份/头	肌内注射
		种猪及后备猪：每年 4 次，1 月、4 月、7 月、11 月	2 头份/头	肌内注射

彩图1　确山黑猪公猪1

彩图2　确山黑猪公猪2

彩图3　确山黑猪母猪1

彩图4　确山黑猪母猪2

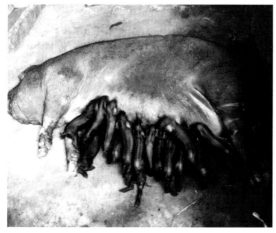

彩图5　哺乳母猪与仔猪1

彩图6　哺乳母猪与仔猪2

彩图7　雪中放养的确山黑猪1

彩图8　雪中放养的确山黑猪2

彩图9　林中放养的确山黑猪1

彩图10　林中放养的确山黑猪2

彩图11　确山黑猪屠宰测定

彩图12　确山黑猪杂交试验屠宰测定